미세먼지 잡는

공기정화식물 55가지

미세먼지 잡는 공기정화식물 55가지

월버튼(B.C. Wolverton) 지음 | **김광진**(농촌진흥청 국립원예특작과학원) 옮김

중앙생활사

| 감사의 글 |

아내이자 최고의 친구인 이본에게 깊은 감사의 마음을 전한다. 그녀의 헌신적이고 지칠 줄 모르는 노력이 없었더라면 이 책은 빛을 보지 못했을 것이다. 셀 수 없이 많은 시간을 들여 식물들의 실험을 수행해 주었고, 놀라운 컴퓨터 실력을 발휘하여 어려운 작업을 쉽게 만들어준 아들 존에게도 깊은 고마움을 표시하고 싶다. 나와 이 책에 대한 그들의 믿음과 도움이야말로 나의 노력을 지속시킬 수 있었던 원동력이었기 때문이다.

또한 전자공학과 로켓에 둘러싸여서 자연을 연구하게 해준 미국 항공우주국(NASA), 존 C. 스테니스 우주 센터(John C. Stennis Space Center)의 관계자 여러분에게 진심에서 우러나는 감사의 말을 전하지 않을 수 없다. 특히 나와 함께 수년간 고생해준 레베카 맥칼렙 박사와 케이스 바운즈 씨 그리고 환경조사연구소의 직원 여러분에게 감사드린다.

나에게 지원을 아끼지 않았던 깨끗한 공기를 위한 식물협의회(Plants for Clean Air Council)에게도 각별한 감사의 마음을 전한다. 그리고 편집자인 수잔 하인즈 씨에게도 감사드린다. 그녀는 너무 크나큰 도움을 주었고, 작업이 진행되는 내내 지속적인 격려를 아끼지 않았다.

사진을 위해 식물과 설비들을 지원해준 반 헤이그 가든 컴퍼니(Van Hage Garden Company)와 하트퍼드셔의 그레이트 암웰사(Great Amwell)에도 깊이 감사드린다. 또한 추가적인 식물들을 제공해준 유로플랜트 유케이사(Europlants UK Ltd.)와 하트퍼드셔의 벨보사(Bellbor)에도 충심어린 감사의 마음을 전하고 싶다.

| 들어가는 글 |

이것은 한 사람에게는 작은 한 걸음에 불과하지만 전 인류에게는 거대한 도약이다.

– 닐 암스트롱, 1969년 달 착륙 소감 중에서

하루가 다르게 변하는 스피드 시대에 살고 있는 지금, 기술적 진보 또한 놀라운 수준으로 전개되고 있다. 우리는 생산성을 올려주고 즐거움을 주는 기계장치와 첨단장치에 대해 끊임없는 갈증을 느낀다. 그러면서도 동시에 자연과의 유대관계를 잃지 않기 위해 힘겨운 노력을 한다.

많은 사람들이 가정이나 직장에서 식물을 기르는 일을 자연 세계와의 관계를 지속시키기 위한 수단으로 여긴다. 실제로 살아있는 잎의 시원하고 평화로운 영향력은 쇠붙이와 콘크리트로 만들어진 차갑고 비인간적인 현실을 한결 부드럽게 만들어준다. 특히 실내식물은 우리가 살고 있는 환경을 한층 더 고양시켜 준다. 실내식물은 우리 생명의 본질인 공기를 정화시키는 데 있어서 결정적인 역할을 하기 때문이다.

지난 25년간 에너지 자원의 보존이라는 미명하에 건물은 점점 더 확실하게 밀폐되어 외부 공기는 얼씬도 못하게 되었다. 이렇게 건물을 틈새 없이 밀폐함으로

써 에너지 소비는 분명히 줄었을 것이다. 그러나 합성물질들이 내뿜는 유해가스는 건물 안에 그대로 갇혀 버렸고, 그로 인해 그 건물 안에 살고 있는 사람들은 건강에 치명적인 해를 입었다.

오늘날에는 많은 사람들이 하루의 90% 이상을 실내에서 보내므로 당연히 장기간 유해한 화학물질과 접촉하게 된다. 그 결과 알레르기, 천식, 화학물질 과민증, 암을 앓는 사람들의 숫자가 엄청나게 늘어나게 되었다.

이러한 문제를 인식한 전문가들이 '실내공기 오염은 건강에 대한 가장 중대한 위협'이라고 지적함에 따라 건물병증후군(sick building syndrome) 발생을 줄이기 위하여 환기장치를 더 많이 설치하고, 유해가스가 적게 나오는 건축자재나 내장재를 사용하는 등 여러 가지 노력들을 하고 있지만 여전히 근본적인 문제는 해결되지 않고 있다.

그런데 재미있는 사실은 가장 미래적인 우주 탐사 연구과정에서 이 문제에 대한 해결책으로 발견한 기술이 지구 역사만큼 오래된 자연적인 해결책이라는 것이다. 미국 항공우주국 'NASA'는 달 기지를 건설하는 계획을 실현시키려면 먼저 생명을 유지시키는 시스템을 만들어야 한다는 문제에 부딪치게 되었다. 이 문제를 해결하기 위해 NASA는 공기와 폐수를 처리하여 재활용하는 광범위한 연구를 시작하였다.

이 연구로 인해 NASA의 과학자들은 한 가지 중요한 질문을 하게 되었다. 지구는 어떻게 공기를 만들고 깨끗한 공기를 유지시키는가? 물론 그 답은 '식물의 생명과정을 이용한다'였다. 이런 기초적인 사실에 근거하여 NASA의 과학자들은 '지속 가능한, 폐쇄된 생태학적 생명 유지 설비'를 만들기 시작하였다.

이 목표를 실현시키기 위하여 노력하던 중 미시시피 주 남부에 있는 NASA의

존 C. 스테니스 우주 센터(John C. Stennis Space Center)의 과학자들은 실내식물이 폐쇄된 실험실의 공기를 정화하고 재생한다는 사실을 발견하였다. 그리고 이 연구와 향후 이어지는 연구들은 오늘날의 녹색 혁명(green revolution)을 일으키는 데 공헌하였다. '실내공기 오염이 자신들의 건강에 직접적인 영향을 미치지 않을까' 걱정하는 사람들의 수가 점점 더 늘어나고 있는 추세이므로 녹색 혁명은 앞으로 더 확산될 것이다.

이 책에는 25년 이상 계속되어온 연구의 결실이 고스란히 담겨 있다. 이 책은 실내공기 질(IAQ)의 중요성을 역설하고 있으며 사람이 동물, 식물과 서로 이로운 공생관계를 엮어 나갈 수 있는 방법에 대하여 다루고 있다. 그리고 가정이든 사무실이든 이른바 '건강한 집'을 만들기 위해서는 실내식물이 필수 불가결한 요소임을 보여주는 과학적 근거를 제시한다.

또한 실제로 각각의 식물들이 '개별 호흡 공간(personal breathing zone)'의 공기를 얼마나 개선시키는지에 대한 정보를 실내식물들의 구체적인 종합평가 순위에 따라 소개하고 있다. 실내식물의 종합평가는 휘발성 화학물질 제거력, 재배 및 관리의 용이성, 병해충에 대한 저항력, 증산율(가습율)에 근거하여 산출한 것이다. 이와 더불어 빛, 온도 등의 재배조건, 원산지, 재배와 관리를 위한 최적의 방법 등 실내식물들에 대한 세부적인 정보가 들어 있다.

이러한 지식과 정보들이 생활 속에서 유용하게 활용되어지고 건강에도 많은 도움이 되기를 바란다.

| 차 례 |

부록

1장

/

생명을 위협하는 실내공기 오염

입을 열면 나쁜 공기가 들어올까 두려워서 감히 웃을 수도 없구나.

– 윌리엄 셰익스피어의 《줄리어스 시저》 중에서

1장 생명을 위협하는 실내공기 오염

우리는 흔히 실내환경을 공기오염의 마수에서 벗어날 수 있는 안전한 피난처로 여긴다. 또 '스모그 경보'가 내려진 동안에 실내에 머물러 있으라는 충고를 잘 따른다. 그러나 현대 과학의 연구에 의하면 실내환경이 실외환경보다 10배는 더 오염된 경우가 많다고 한다.

1950년대에 T. G. 랜돌프를 비롯한 의사들은 처음으로 실내공기 오염이 알레르기나 다른 만성 질환과 관련되어 있음을 알게 되었고, 최근에 미국 환경보호청은 실내공기 오염을 공중 건강을 위협하는 5가지 요소 가운데 하나로 뽑았다. 그런데도 수백만 명의 사람들이 이 문제의 심각성을 전혀 깨닫지 못하고 있다. 이런 문제가 있다는 사실조차 모르는 사람들도 많다.

오늘날 산업화된 사회에서 살아가는 현대인들은 삶의 90%를 실내에서 보낸다. 이렇게 실내공기 오염원에 노출되는 시간이 늘어남에 따라 직접적인 결과로 알레르기 반응의 종류와 심각성이 증가하게 되었다.

에너지 위기의 충격

미국에서 실내공기의 질(indoor air quality, IAQ) 문제는 1973~1974년 에너지 위기 직후부터 확산되었다. 당시 석유수출국기구(OPEC)는 산업화된 국가들에 대항하여 석유 수출 중단을 선언했다. 그에 대한 대책으로 건설업계는 에너지 효율을 극대화하고 급격히 치솟는 에너지 원가를 낮추기 위해 건물을 밀폐하여 신선한 공기의 유입을 줄이기 시작했다.

미국에서는 모든 사람들에게 집에 단열재를 사용하라는 적극적인 권유를 하였으며, 미국 국세청은 냉·난방 에너지 소비를 줄일 수 있는 단열재를 추가로 주택에 넣으면 그 소유주에게 상당한 세금 감면 혜택을 주었다. 그리하여 대부분의 사람들이 착실하게 벽이나 천장에 추가적인 단열재를 넣고 방수제를 쓰고 문과 창틈에 외부 공기를 차단하는 틈새막이를 설치하였다.

환기와 습도의 조절

환기를 시키면 실내공기 오염을 줄이는 데 도움이 된다. 오염된 실내공기가 외부 공기에 의해 희석되기 때문이다. 물론 외부 공기가 깨끗하다는 전제에서 하는 말이다. 하지만 현실은 그렇지 않은 경우가 많다.

사람이 편안함을 느끼기 위해서는 일정 수준 이상의 환기가 필수적이다. 또 습기, 열, 냄새 등을 제거하기 위해서도 추가적인 환기가 필요하다. 에너지를 많이 소비하지 않으면서 안락함을 유지할 정도로 환기를 시키기 위해서는 균형을 잘 맞출 필요가 있다.

이미 잘 알려져 있듯이 공기조절장치를 잘못 관리하면 호흡기 감염을 일으킬 수 있다. 실내공기를 깨끗하게 유지하기 위해서는 이런 설비를 잘 관리하는 일이 매우 중요하다. 특히 가정에서는 공기청정기 필터를 규칙적으로 교체해 주어야만 한다.

대형 빌딩에서 실내공기의 질 문제는 보통 냉각탑, 환기구의 배치, 기계장치의 엉성한 관리, 통풍관 등과 관련이 있다. 레지오넬라병(pontiac fever, 레지오넬라 박테리아에 의해 발생하는 급성 호흡기 감염 질환-역주)의 원인이 되는 레지오넬라 박테리아는 냉각탑과 물이 고여 있는 물탱크에서 발견된다.

낮은 상대습도 역시 실내공기의 질과 무관하지 않다. 쾌적한 습도의 범위는 35~65% 정도이다. 그러나 실내습도는 이러한 범위 아래로 내려가는 경우가 많다. 특히 겨울철에는 더욱 그러하다. 차가운 겨울 공기는 대개 건조하며 난방장치로 인해 더 건조해져 35% 이하로 내려가는 경우가 많다.

건조하고 메마른 공기는 콧속의 점막을 자극하여 공기 중에 떠다니는 화학 성분, 바이러스, 알레르겐(allergen, 알레르기 원인물질-역주)의 공격에 대한 저항력을 떨어뜨린다. 이렇듯 낮은 상대습도 때문에 겨울철에 자주 감기나 알레르기, 천식을 앓기도 한다.

습도가 70%를 넘을 때에도 실내공기질에 문제가 발생한다. 높은 습도 때문에 가구나 전자제품에 곰팡이가 서식하거나, 그 건물에서 생활하는 사람들의 건강에 문제가 생길 수 있다. 중앙난방장치나 공기조절장치를 이용하여 공기 중의 습기를 제거하여 높은 습도를 낮출 수는 있다. 그러나 이런 장치들은 최적의 상태 이하로 떨어진 습도를 올려주지는 못한다.

현대적 산물들이 배출한 것들

최근 몇십 년 사이에 건축자재와 건물의 가구 구성이 미묘하게 변화하고 있다. 건축자재로 천연 원목 대신에 압축 목재나 섬유판이 많이 사용되고 있으며, 이쪽 벽에서 저쪽 벽까지 바닥 전체를 카펫으로 덮는 일은 훨씬 더 일반적인 추세가 되었다.

가정이나 사무실에 있는 가구들의 주재료도 이제는 원목이 아니라 다양한 접착제와 수지로 붙여서 만든 합성품이다. 가정, 사무실, 공공건물에는 우리의 안락, 일, 쾌락을 위한 전자제품들이 넘쳐난다. 그러나 이런 제품들에서 여러 가지 유기화합물이 발생한다는 것은 잘 알려진 사실이다.

합성물질은 수백 가지의 휘발성 유기화합물(volatile organic chemicals, VOCs)을 공기 중에 쏟아낸다. 다음의 표에 대표적인 실내공기 오염물질들과 그 발생원을 나열해 보았다.

사람도 오염물질을 배출한다. 특히 환기가 잘 안 되는 밀폐된 장소에서 살거나 일할 때는 더욱 그렇다. 이 사실은 비행기로 여행할 때처럼 많은 사람들이 장시간에 걸쳐 제한된 장소에 있게 되면 더욱 명백해진다.

러시아와 미국의 과학자들은 수년간에 걸쳐 우리가 150여 가지의 휘발성 물질을 공기 중에 내뿜고 있다는 사실을 입증했다. 그런 물질들에는 이산화탄소를 포함하여 일산화탄소, 수소, 메탄, 알코올, 페놀, 메틸인돌, 알데히드, 암모니아, 황화수소, 휘발성 지방산, 인돌, 메르캅탄, 질소산화물(이산화질소) 등이 포함된다.

일반적인 생물학적 과정을 통하여 방출되는 물질을 '생체 배기(bioeffluents)'라고 부른다. 1인당 생체 배기율을 측정하는 연구들이 실시되고 있는데, 그 연구들

실내공기 오염물질의 발생원

	포름알데히드	크실렌·톨루엔	벤젠	트리클로로에틸렌	클로로포름	암모니아	알코올	아세톤
접착제	○	○	○				○	
생체 배기		○				○	○	○
청사진기						○		
카펫류							○	
혼합 방수제	○	○	○				○	
천장 타일	○	○	○				○	
염소처리 수돗물					○			
세제류						○		
컴퓨터 모니터		○						
화장품류							○	○
복사기				○			○	
전자사진방식 프린터(레이저 프린터류)		○	○	○		○		
커튼류	○							
직물류	○							
미용티슈	○							
바닥마감재	○	○	○				○	
가스레인지	○							
쇼핑봉투	○							
마이크로필름현상액						○		
매니큐어 리무버								○
사무용 수정액								○
도료(페인트류)	○	○	○				○	
종이타월	○							
파티클보드와 칩보드	○	○	○				○	
주름영구처리 의류	○							
사진 복사기		○	○	○		○		
합판	○							
인쇄 서류								○
착색제와 광택제	○	○	○				○	
담배연기			○					
실내장식재	○							
벽지		○	○				○	

에 따르면 주요 생체 배기에는 아세톤, 에틸알코올, 메틸알코올, 에틸아세테이트 등이 있다.

요약하자면 실내공기는 주로 밀폐된 건물과 합성물질로 만들어진 가구, 환기의 감소 그리고 인간의 생체 배기라는 세 가지 요인 때문에 나빠진다. 건축가, 기술자 그리고 보건 공무원들은 현대식 건물이 우리가 숨쉬는 공기의 질에 어떤 영향을 끼치게 될 것인가를 예측할 만한 통찰력을 갖지 못했다. 그 결과, 우리의 건강을 위협하는 현대식 재앙이 불어닥친 것이다.

실내공기의 오염과 건강

1980년대 초 에너지 효율을 향상시키기 위해 건물을 밀폐한 유럽, 캐나다, 미국에서 수많은 질병들이 출현하기 시작했다. 그 이후로 실내공기 오염은 확산되었고, '건물병증후군(sick building syndrome, SBS)'이란 현상이 어휘 사전에 새롭게 등장했다. 건물병증후군은 한 특정 건물 또는 어떤 건물의 특정 장소에서 살거나 일하는 사람들 상당수가 경험하는 증상들을 표현할 때 사용하는 용어이다.

통상적인 분석으로는 이러한 질병의 원인과 기원을 밝혀내기 힘들지만 일정 기간 동안 건물을 떠나면 대개 그 증상들이 없어지고, 다시 건물에 들어가면 증상이 재발하는 것이 특징이다.

다음은 건물병증후군과 관련하여 자주 나타나는 증상들이다.

건물병증후군과 관련된 증상들	
• 알레르기	• 두통
• 천식	• 신경계 질환
• 눈, 코, 목의 따가움	• 호흡기 울혈
• 피로	• 비강(鼻腔) 울혈

건물병증후군이라는 용어가 그 원인이 입증되지 않은 증상들을 나타내는 데 반하여 건물 관련 질환(building-related illness, BRI)이란 용어는 특정한 원인이 있다고 인정되는 질병을 설명할 때 사용된다. 건물 관련 질환의 예는 석면폐증(석면 노출이 원인이 되어 생기는 병-역주)이나 냉·난방장치의 고인 물에 서식하는 박테리아로 인한 레지오넬라병에서부터 심하게는 폐암에까지 이른다.

1984년에 세계보건기구(WHO)는 "세계적으로 약 30%에 달하는 신축 건물 또는 리모델링 건물에서 실내공기의 질 문제가 발생한다"는 내용을 담은 보고서를 발표하였다. 1989년 가을에 미국 환경보호청은 에너지 효율이 높은 10개 공공건물의 실내공기에 관한 보고서를 의회에 제출했는데 그 보고서에 따르면, 어떤 화학물질은 일반적인 장소에 비해 100배 이상이나 많았다고 한다.

또 그 보고서는 "실내공기 오염 정도를 볼 때 많은 국민들이 공기 오염에 노출되어 있으며 그로 인해 심각한 급성 또는 만성 질환이 생길 가능성이 있다는 결론을 내리기에 충분한 증거가 있다"고 지적했다. 사실 실내공기 오염은 실외공기 오염보다 더 큰 위험성을 안고 있을지도 모른다. 무엇보다도 장시간에 걸쳐 노출되기 때문이다.

《실내의 알레르기 원인물질(Indoor Allergens)》이라는 제목의 미국 의학연구소 보고서에 따르면, 미국인 5명 가운데 1명이 생활 속의 어떤 특정한 때에 알레르기 관련 질환을 경험하며 그런 질환 가운데 상당수가 실내에 있는 알레르기 원인물질에 의해 유발된다고 한다. 그리고 다음과 같이 보고서는 밝히고 있다.

"알레르기란 어떤 원인물질에 노출되었을 때 그에 대한 반응으로 면역 글로불린 E(IgE)와 같은 특정 면역 성분이 과잉 생산되는 면역 과민성의 상태이다. 미국인 가운데 40%가 환경적인 알레르기 원인물질에 대한 면역 글로불린 E 항체를 보유하고 있으며, 20%가 의학적인 알레르기 질환을 앓고 있고, 10% 정도는 격심한 중증 알레르기 질환을 겪고 있다."

임상 생태학은 T. G. 랜돌프 박사를 창시자로 여기는 의학 분야이다. 임상 생태학자들은 상당수가 알레르기 질환 전문가이다. 그들은 1950년대에 환경 독소가 전염성 미생물만큼 우리 건강에 유해하다는 주장을 내세우며 다른 분야에서 독립함으로써 임상 생태학이라는 새로운 분야를 만들었다.

여전히 많은 의사들이 화학물질 과민증을 앓고 있는 환자들에게 정신 장애라는 진단을 내리고 있는 현실이지만, 화학물질 과민증과 건물병증후군에 관한 수천 개의 사례에서 얻은 방대한 과학적 데이터는 랜돌프 박사의 분석이 옳았음을 분명히 증명한다.

누가 가장 위험한가

사람마다 알레르기 원인물질과 오염물질에 대한 저항력이 현저하게 다르다. 그래서 같은 물질에 노출되었을지라도 어떤 사람은 아무런 증상을 보이지 않는 반면, 어떤 사람은 재채기, 천식, 폐나 호흡기 염증, 심지어는 암이라는 반응을 보일 수도 있다.

직물가게, 가구점, 카펫가게를 찾은 고객들은 대부분 포름알데히드나 휘발성 유기화합물의 냄새를 맡게 된다. 그로 인해 많은 사람들이 눈과 목이 따끔거리거나 다른 호흡기 통증을 경험한다. 콘택트렌즈를 낀 사람들은 아주 심하게 눈이 따끔거리기도 한다.

실내공기에 포함되어 있는 합성 오염물질이 원인이 되어 생기는 질병은 대부분 낮은 농도의 혼합 화학물에 접촉한 결과로 생긴다. 이렇게 소량의 '화학물 수프(chemical soup)'에 노출되면 즉각적으로는 아무런 반응이 일어나지 않을지도 모른다. 그러나 노출 기간이 길어지면 항원에 대한 민감성이 높아질 수 있다.

이런 과민증 상태를 '화학물질 과민증(multiple chemical sensitivity, MCS)'이라고 한다. 일단 어떤 사람이 과민증 상태가 되면 다음에는 훨씬 적은 양의 같은 화학물질 또는 다른 오염원에 노출되더라도 급격한 반응이 일어나기도 한다. 또 일단 과민증이 생긴 사람은 먼지, 집먼지진드기, 곰팡이 포자, 꽃가루, 특정 식품 등 폭넓은 범위의 다른 물질에 접촉했을 때 이전보다 더욱 심해진 알레르기 반응을 보이기도 한다.

아기들이나 어린아이들은 성인보다 훨씬 더 실내공기 오염에 대한 저항력이 약하다. 천식을 앓는 아이들의 대략 90%가 알레르기 때문에 병을 앓게 된다. 이 아이들의 경우 이전에 접촉했던 담배 연기와 같은 실내환경 오염원이 폐의 기도를 둘러싸고 있는 민감한 점막을 손상시켰을지도 모른다.

실내공기 오염은 영아돌연사증후군(sudden infant death syndrome, SIDS)의 주요 원인이 될 수도 있다. 영아돌연사증후군 또는 요람사(cot death)는 생후 2주에서 1세 사이의 영아가 뚜렷한 원인 없이 갑자기 사망하는 것을 말한다. 대부분의 영아돌연사증후군은 주로 생후 2개월에서 4개월 사이에 발생한다.

영아돌연사증후군이 생기는 이유를 설명하기 위해 다양한 신경생리학적, 면역학적 장애나 다른 장애들이 그 원인으로 거론된다. 흥미롭게도 연구에 따르면 영아돌연사는 공기 오염 문제가 많아지는 추운 겨울에 더 자주 일어났다.

그러므로 태어나기 전 엄마 뱃속에서 합성 화학물에 노출되어 생긴 높은 민감성이 영아돌연사증후군의 한 가지 원인이라 말할 수 있다. 물론 엄마도 태아와 같은 오염원과 접촉했다. 그러나 태아는 역동적으로 성장하는 상태에 있기 때문에 그런 물질에 접촉하면 더 치명적인 영향을 받는다. 한편 담배 연기에 노출되는 것도 영아돌연사와 깊은 관련이 있다.

대부분의 신생아들은 병원에서 퇴원하면 이제 자신을 위해 새로 꾸며진 방에서 생활한다. 그 방에는 새로 장만한 카펫, 아기 침대, 매트리스, 담요, 옷, 장난감 등이 꽉꽉 들어차 있다. 즉, 아기는 엄청나게 많은 화학물질이 배출되는 방에서 살게 되는 것이다.

다행스러운 것은 계속적인 연구를 통하여 언젠가는 영아돌연사의 원인이 무엇인지에 대한 명확한 해답을 찾을 수 있을 것이다. 그러나 지금 현재 아기들은 포탄같이 쏟아지는 실내 오염물질에 노출되어 있다. 그런 물질들과의 접촉은 치명적이지는 않을지라도 건강에 매우 유해한 것이 사실이다.

가능한 한 어디에서든지 어린 유아들이 합성 재료로 만들어진 새로운 물건과 접촉하지 않도록 주의를 기울여야 하며, 새로 산 물건은 반드시 먼저 여러 번 씻거나 바깥 공기를 쐬어줘야 한다.

현재 미국 법정에서는 건물병증후군에 관련된 수백 개의 소송이 진행 중이다. 소송에 관련된 건물에는 학교, 법정, 사무실, 병원 그리고 보육시설까지 포함된다.

현재 미국 어린이의 5명 가운데 1명은 실내공기가 좋지 않은 학교에 다니고 있다.

카펫도 실내공기 오염물질의 주요 발원지이다. 새 카펫은 자극적인 화학물질을 배출한다는 이유로 가장 많은 원성을 산다. 또 오래된 카펫은 먼지, 집먼지진드기, 미생물, 미립자 물질 등의 본거지이다. 카펫은 일반적인 마모 과정을 통하여 오랜 시간에 걸쳐 해체된다. 카펫에서 떨어져 나온 미세한 섬유조직은 특히 진공청소기로 인해 공기 중에 확산되어 미생물의 전달자인 먼지가 된다.

또 대부분의 카펫과 러그는 합성 섬유로 만들어지고, 바닥물질은 접착제나 다른 결합물질로 부착한다. 흔하게 사용하는 스티렌부타디엔고무(styrene butadiene rubber, SBR), 즉 라텍스 물질도 역시 실내공기 오염의 주범이다.

미래에 바란다

우리는 기술 마법의 시대에 살며 안락하고 편안한 삶을 즐기고 있다. 그러나 동시에 우리의 건강과 안락을 지키기 위한 적절한 조치를 취해야 한다. 해로운 자외선을 막기 위해 예방 차원에서 자외선 차단제를 바르듯이 해로운 오염물질로부터 자신을 지키기 위한 노력을 해야 한다.

대부분의 전문가들이 실내공기 오염이 중요한 문제라는 사실에는 동의한다. 그러나 어떻게 이 문제를 해결할 수 있는가에 대해서는 전혀 합의점에 이르지 못하고 있다. 단순히 자주 환기시킨다고 해서 문제가 해결되지는 않는다. 건물 내부의 공기를 계속 정화하는 것은 에너지 측면에서 비효율적일 뿐만 아니라 환경적으로도 완전한 해결책이 아니다.

건설업계는 오염원의 출처를 관리하는 프로그램을 만들었다. 즉, 건축자재와 가구를 건물에 집어넣기 전에 먼저 가스 제거를 하고, 건물 관리자들은 기계들이 깨끗하고 능률적으로 작동되고 있는지 더 부지런히 살피고 있다. 그리고 건축 설계자와 기술자들은 유해가스 배출이 적은 카펫, 페인트, 가구를 사용하고, 공기가 잘 순환되도록 건물을 디자인하기 시작했다.

실내공기 오염을 막기 위해 건물에 사는 거주자들도 예방 차원에서 규칙적으로 기계 설비를 관리해야 할 것이다. 또 새 가구를 집 안에 들여놓기 전에 먼저 유독가스를 제거해야 한다. 여기에 한 가지 더 노력해야 할 것이 있다. 그것은 바로 살아있는 식물을 활용하는 방법이다. 이제 녹색 건물(green building)이라는 개념이 점차 하나의 트렌드로 자리잡고 있다. 건물 안에 식물을 들여놓아 자연이 지구의 대기를 정화하는 방법을 그대로 흉내 내는 환경을 만들어야 한다.

2장

/

식물이 지구와 나를 살린다

태초에 하나님이 천지를 창조하시니라.

– 창세기 1장 1절

2장 식물이 지구와 나를 살린다

우리가 손에 넣은 가장 과학적인 증거에 따르면 지구의 나이는 대략 45억 년이고, 지구상에 출현한 최초의 생명체는 미생물이었다. 이후 수백만 년이 흐른 후에 식물이 출현했다. 여기서 식물이 생존하기 위해서 미생물이 먼저 지구의 흙과 물 속에 자리를 잡아야 했다는 사실을 주목하라. 미생물은 유기물과 무기물을 식물이 원하는 양분으로 바꾸어 주기 때문에 식물을 위해 꼭 있어야만 하는 존재인 것이다.

식물이 등장하고 나서 몇백만 년의 세월이 더 흐른 후에야 고등 생물이 처음으로 지구상에 나타났다. 지구에서 생명체가 자연적으로 분포하는 지역은 깊은 지각에서부터 낮은 대기권까지 이르는데, 이 지역을 일반적으로 '생물권(生物圈, biosphere)'이라고 부른다. 독성 물질로 가득 차 있던 지구 환경은 점차 현재의 살아있는 자기 조절 시스템으로 바뀌었다. 이 진화 과정에서 식물은 필수적인 역할을 수행했다.

지구는 하나의 살아있는 유기체라고 할 수 있다. 열대우림은 산소를 만들고 이산화탄소를 없애는 '지구의 허파'이다. 여기에서는 인간이나 동물의 폐와는 정반

대의 작용이 일어난다. 습지는 '지구의 신장'이다. 수중식물은 물 속에 있는 영양소와 환경적 독소를 여과시켜서 시냇물과 강과 바다로 다시 흘려보낸다. 이것은 우리 몸의 신장이 핏속에 있는 불순물을 걸러내는 방법과 닮았다.

수십억 년에 걸친 진화 과정을 통하여 지구는 미생물, 식물, 동물 등 각각의 생명체들이 다른 생명체들과 조화를 이루며 살아가는 역동적인 별이 되었다. 녹색식물은 빛을 이용하여 이산화탄소와 물을 재료로 삼아 에너지를 얻는 광합성작용을 한다. 그리고 그 결과로 산소가 만들어진다. 이렇게 만들어진 산소는 숨을 쉬는 모든 유기체에게 필수적이다. 만약 광합성작용으로 산소가 보충되지 않는다면 동물의 생명 과정은 공기 중의 산소를 고갈시키고 말 것이다.

생명을 유지시키는 산소는 식물들에 의해 만들어지고, 바람에 의해 지구의 전체 표면으로 전달된다. 지구상에 분포한 식물의 다양성으로 인해 지역적으로 다양한 극소 기후대를 형성한다. 어떤 지역의 환경과 기후는 지리학적 요소와 생물학적 요소 그리고 인간의 개입이 함께 만들어내기도 한다. 예를 들어 광대한 지역에서 나무와 다른 식물을 제거하면 토양 구성과 날씨 패턴에 환경적인 변화가 일어난다.

식물은 그 용도에 따라 음식, 약, 에너지, 건축자재 등 사람에게 필요한 많은 것을 제공한다. 식용식물은 많은 생물에게 필수적인 영양분을 공급한다. 어떤 식물들은 약으로 사용되는 화학물을 함유하고 있다. 또 어떤 식물들은 목화, 아마, 삼처럼 가치 있는 섬유질을 가지고 있다.

주요 에너지원인 화석연료의 출발점 역시 식물이다. 지구상에는 대략 40만 종의 식물들이 있으며, 그 가운데 상당수의 식물 종(種)은 적도를 둘러싸고 있는 열대지방에서 발견된다.

식물의 광합성은 모든 형태의 고등 생물이 생명을 유지하는 데 필수적인 방대한 과정이다. 매년 지구상의 모든 식물들은 광합성 과정을 통해 어림잡아 약 1,700억 톤의 건조식물 바이오매스(생물량. 특정 생물군의 양을 건조 중량, 에너지량 등으로 환산한 것-역주)를 생산한다. 식물이 광합성 과정을 통하여 건조 중량 1톤의 새로운 식물 바이오매스를 생산할 때마다 약 1.4톤의 산소가 대기 중에 공급되며, 약 1.8톤의 이산화탄소가 제거된다.

미국과 러시아의 우주기관의 연구에 따르면 우주비행사는 24시간 동안 약 0.9kg의 산소를 소비하고, 1.1kg의 이산화탄소를 내놓는다고 한다. 이 데이터에 근거할 때 성인 한 사람에게 하루에 필요한 산소량을 공급하려면 광합성작용에 의해서 건조 중량으로 하루 약 0.64kg의 식물이 자라야 한다.

식물에 대한 세부적인 고찰

정밀한 연구에 따르면, 모든 식물은 자신을 위한 작은 생태계를 창조한다. 거대한 크기의 나무에서부터 한때는 울창한 숲의 장막 속에 파묻혀 있었던 실내식물에 이르기까지 모든 식물은 자신의 잎과 뿌리 주위에 작은 환경을 만든다. 이 작은 환경 속에서 일어나는 활동들이 있기에 식물은 생존하고 성장할 수 있다.

인간의 눈에 비친 식물은 계속 살아있고 자라고 있기는 하지만 어쩐지 정적이고 반응이 없는 존재처럼 보인다. 그러나 과학적 관점에서 보면 식물은 대단히 역동적이다. 그들은 자신을 보호하고 안락한 환경을 만들기 위해 보이지 않는 복잡한 물질들을 수없이 활발하게 만들어서 잎과 뿌리 주변에 분비한다.

또 식물의 뿌리 주변에 있는 흙 속에서도 생물학적 활동들이 분주하게 일어나고 있다. 식물의 뿌리에서 분비된 물질들의 영향력이 미치는 뿌리 주변을 '근권(根圈, rhizosphere)'이라고 부른다. 근권은 그 자체가 활발한 생태계이며, 일반적으로 뿌리로부터 먼 흙에 비하여 미생물의 개체수가 훨씬 많다.

식물들은 당분, 아미노산, 호르몬, 유기산 및 다른 물질로 이루어진 복잡한 혼합물을 분비한다. 이 물질들은 식물의 생존에 필요한 특정 미생물의 생육을 촉진시키고 해로운 미생물은 억제한다. 식물의 뿌리에 의해 유지되는 미생물의 종류와 수는 그 식물이 어떤 지리학적 환경에 있는가에 따라 다르다.

한편 과학자들에게 식물 잎에서 방출되는 물질들은 아직도 더 많이 연구해야 할 과제이다. 지금까지 알려진 바로는 이 물질들은 습도를 조절하거나, 해충이나 공기 중의 미생물들로부터 식물을 보호하는 등의 이로운 작용을 하는 것 같다.

광합성작용

식물의 성장과 생존에 관련한 기본 과정들을 이해하면 집에 있는 나무들을 더 잘 보살피고 가꿀 수 있을 것이다. 다른 모든 생물들처럼 식물도 당분을 에너지로 사용한다. 그러나 다른 살아있는 유기체들과 달리 식물은 자신들이 사용할 당분을 광합성 과정을 통하여 직접 생산할 수 있는 독특한 능력이 있다. 단, 광합성작용은 빛이 있어야만 일어난다.

식물은 '기공'이라 불리는 잎의 작은 구멍을 통하여 대기 중에서 이산화탄소를 흡수한다. 식물의 뿌리는 토양에서 수분을 빨아들인다. 잎에 있는 엽록소와 다른 녹색 조직은 빛에서 복사에너지를 흡수한다. 이 에너지는 물분자를 산소와 수소로 쪼갠다. 복잡한 화학 반응을 통하여 식물은 수소와 이산화탄소를 재료로 당을 만들어낸다. 이때 광합성의 부산물인 산소가 대기 중으로 배출된다.

광합성으로 만들어진 당은 이른바 에너지의 원천이다. 이 물질은 식물을 위한 양분이 될 뿐만 아니라 식물의 생명 유지에 필요한 다른 화학물을 합성하는 데 쓰이며 전체 생물권에 엄청난 양의 에너지를 더하기 때문이다. 모든 유기체의 생명 과정은 지속적인 에너지 소비를 필요로 한다.

그러므로 식물이라는 에너지 원천이 없다면 지구상의 모든 생명은 당장 사라질 것이다. 더 나아가서 세포조직을 구성하는 많은 유기화합물들은 모두 궁극적으로 식물의 광합성에 의해 만들어진 당이나 다른 유기화합물로부터 파생된다.

호흡작용

호흡(respiration)이란 양분(당분)이 산소와 결합하여 에너지와 열을 발생시키는 것으로 생물학적으로는 '연소하는(타는)' 과정이다. 호흡은 근본적으로 산화 혹은 느린 연소의 화학적 과정으로, 이 과정은 과도한 열이 급속히 형성되지 않고 천천히 진행된다는 점에서 일반적인 연소와는 다르다.

호흡하는 동안 산소와 당은 소비 또는 산화되어 성장과 생존에 필요한 다른 물질들의 생산에 필요한 에너지를 만든다. 이때 물이 부산물로 생기는데, 호흡작용 중에 생성된 여분의 열과 마찬가지로 공기 중으로 방출된다.

증산작용

증산(transpiration)은 식물 잎의 기공을 통해서 물이 증발(evaporation)되는 현상이다. 일반적으로 흙으로부터의 증발과 식물의 잎으로부터 증산을 합쳐서 '증발산(evapotranspiration)'이라고 부른다. 잎의 표면을 덮고 있는 밀랍 성분의 큐티클(일종의 세포 각질층-역주)은 증산을 억제한다. 그래서 대부분의 수증기, 산소, 다른 기체들은 기공을 통해서 방출된다.

대부분의 식물에서 일반적으로 기공은 잎의 앞면과 뒷면 양쪽에 다 있지만 때때로 뒤쪽에만 있기도 하다. 기공은 공변세포(guard cells)에 의해 둘러싸여 있는데, 이들은 기공의 개폐를 조절한다. 뿌리가 건조해지면 공변세포는 기공을 닫아서 더 이상의 수분 손실을 막는다. 만약 그렇게 하지 않으면 뿌리를 통해 흡수되는 양보다 더 많이 증산되어 식물은 말라 죽게 될 것이다.

환경적 변화 요인은 기공 개폐에 많은 영향을 미친다. 대부분의 식물에 있어서 기공은 해가 뜨면 열리고 어두워지면 닫힌다. 그러나 대부분의 선인장과 다육식물(多肉植物), 난, 브로멜리아와 같은 식물들은 반대로 밤에 기공을 연다. 이렇게 반대로 움직이는 주요 원인은 덥고 햇빛이 강한 낮 동안에 수분을 보존하기 위해서이다.

많은 식물 생리학자들이 증산작용의 역할이 무엇인가에 대해 다년간에 걸쳐 논의를 하고 있다. 증산작용이 활발한 동안에는 공기의 움직임이 만들어진다. 잎 표면과 대기의 온도차가 극심하면 대류가 일어나서 공기 움직임이 없을 때조차 공기의 흐름을 만든다.

이와 같은 능력은 공기의 움직임이 거의 없는 울창한 숲 속에 파묻혀 사는 식물

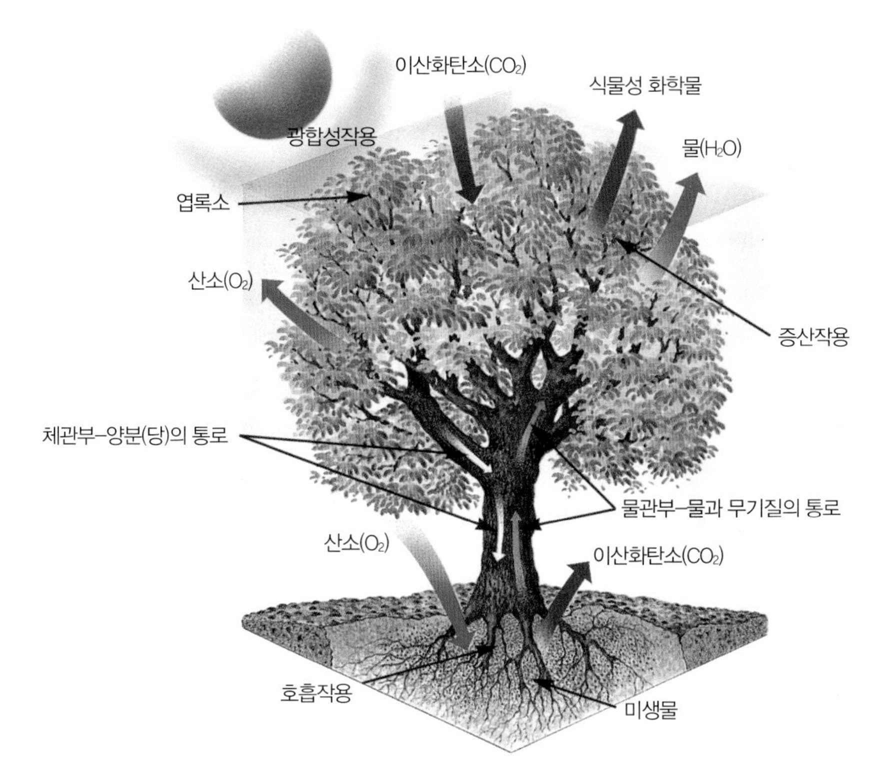

"식물과 뿌리 주변에 있는 미생물의 생물학적 작용은
지구상에 생명체를 지속시키는 생태계를 창조한다."

들에게는 매우 중요하다. 우리가 실내식물로 키우는 대부분이 이런 식물들로 대개 높은 광합성률을 가지고 있다. 이 때문에 빛이 거의 들지 않는 숲 속에서도 번성할 수 있는 것이다.

이런 식물 중 많은 수가 증산율 또한 높게 나타난다. 물이 뿌리 주변의 흙으로부터 급속히 식물의 윗부분으로 올라가면서 공기가 뿌리 주변으로 빨려 들어와 토양에 질소와 산소를 공급한다. 그러면 '질소 고정(nitrogen fixation)'이라 불리는 생물학적 과정을 통하여 미생물은 기체 상태의 질소를 식물의 양분인 질산염으로 바꾸어 놓는다.

공기를 이동시킬 수 있는 능력은 실내식물이 실내환경에서 오염물질을 제거하는 데 있어서 중요한 역할을 한다. 실내공기는 대체로 건조하기 때문에 증산작용이 활발해져 오염된 공기를 뿌리 쪽으로 이동시키는 역할을 하게 된다. 근권부로 옮겨진 실내공기 오염물질은 미생물에 의해 양분과 에너지로 바뀐다.

잎의 흡수와 전류

식물의 잎은 생명을 지속시키는 산소를 생산할 뿐만 아니라 식물과 뿌리의 미생물을 건강하게 유지시키는 중요한 역할을 한다. 식물에 있어서 잎을 통해 이산화탄소를 흡수하는 능력과 다양한 화학물을 한 부분에서 다른 부분으로 운반하는 능력은 매우 중요하다.

전류(轉流, translocation)는 식물을 통하여 물질이 이동하는 현상이다. 식물의 전류는 물관부와 체관부라는 복잡한 두 조직이 담당한다. 물관부의 중요한 기능은 물과 무기질을 뿌리에서 잎으로 이동시키는 것이다. 당과 다른 용해된 양분은 체관부를 통하여 녹색 세포를 제외한 다른 모든 세포로 이동된다. 물관부와 체관부는 특정 조건하에서 근본적인 기능을 반대로 수행할 수 있게 하는 2차적인 연결 통로를 가지고 있다.

연구에 의하면 잎에 어떤 유기물질을 바르면 그 물질은 뿌리뿐만 아니라 심지어 뿌리 주변의 흙으로 전류된다. 이와 같이 식물이 화학물을 흡수하고 전류시키는 능력을 갖고 있기 때문에 침투성 살충제 산업의 설립이 가능했던 것이다.

대기로부터 흡수되어 근권(뿌리 주변)으로 전류된 유기화학물은 식물 주변의 토양 속에 존재하는 미생물 종류와 수에 큰 영향을 미친다. 이런 사실은 실내식물 잎이 가지고 있는 잠재력에 대한 중요한 암시를 해준다.

실내식물의 잎은 실내공기로부터 휘발성 유기화합물을 흡수하여 근권부로 전류시킨다. 근권부로 옮겨간 화합물질들은 미생물에 의해 분해된다. 식물이 공기 중에서 흡수한 어떤 유기화합물은 토양 속에 있는 미생물의 작용과 무관하게 식물 자신의 생물학적 과정에 의해 분해되기도 한다.

잎이 배출하는 물질

식물의 잎은 많은 다양한 물질들을 주변 공기 속에 배출한다. 가장 많이 연구되고 알려진 물질은 수증기이다. 식물은 습도와 기후 조건의 조절에 있어서 중요한 역할을 담당한다. 공기 중에 있는 수분의 양을 '습도'라고 하며, 일정한 온도에 있어서 공기가 보유할 수 있는 총 수분에 대하여 실제로 공기 중에 함유되어 있는 수분의 양을 '상대습도'라고 한다.

예를 들어 상대습도가 50%라는 말은 공기가 해당 온도에서 포화상태가 되어 이슬점에 이르기 직전까지 보유할 수 있는 총 수분량의 절반에 해당하는 수분을 실제로 함유하고 있다는 뜻이다. 습하고 따뜻한 공기는 상승함에 따라 상대습도 100%에 이를 때까지 서서히 냉각된다. 이 포화상태에서 구름이 형성되고, 어떤 조건하에서 수분은 비가 되어 땅으로 떨어진다.

한편 식물의 잎은 어떤 휘발성 화학물질들을 발산하는데, 이런 물질들은 주변

공기 중에 떠다니는 미생물과 곰팡이 포자를 억제하는 데 중요한 역할을 하는 듯 보인다.

뿌리 주변의 미생물

흙 속에는 다양한 미생물이 살고 있다. 이들은 식물에게 필요한 양분을 만들고, 토양 미네랄을 배출하고, 다 쓴 유기물질을 분해하고, 땅으로 흘러 들어온 많은 환경 독소를 해독한다. 이뿐만 아니라 토양을 비옥하게 만들며 식물의 성장에 중요한 역할을 한다.

그러나 모든 토양 미생물들이 식물에게 유익한 것은 아니다. 어떤 미생물은 식물을 병들게 하고 식물이 사용할 영양분을 대신 소모해 버리기도 한다.

식물 뿌리의 영향이 미치는 토양 주변, 즉 근권에는 토양의 다른 부분보다 훨씬 더 많은 미생물이 존재한다. 근권은 양분이 풍부하기 때문이다. 뿌리에서 분비된 많은 유기 혼합물과 죽은 뿌리세포는 미생물의 양분이 된다.

50년 동안 식물학자들에 의해 축적된 방대한 연구 자료들을 보면 식물의 뿌리에서 분비된 물질들이 어떻게 특정 미생물은 촉진시키고 다른 것은 억제시키는 명백한 선택 행위를 하는지 알 수 있다. 즉, 각각의 식물들은 본래부터 그 자신만의 유전적 암호를 가지고 있으며 이 암호는 그 식물이 생존하는 데 필요한 미생물의 종류와 수를 결정한다.

미생물들은 자신들이 기생하는 숙주식물(host plant)이 건강하고 안락한 상태를 유지하도록 여러 방식으로 돕는다. 그들은 식물에게 해로운 다른 미생물들을 막

아주는 경호원의 역할을 한다. 미생물들은 뿌리 주변의 낙엽과 다른 부스러기들을 소화시켜 식물이 필요로 하는 양분으로 바꾸어 준다. 식물의 뿌리에서 분비되는 물질은 미생물 세포의 증식과 죽음, 부패를 촉진시킨다. 이렇게 부패한 미생물 세포는 다시 식물에게 필요한 양분의 원천이 된다.

미생물은 적응 능력이 탁월한 유기체이다. 이들은 주변 환경 변화에 대처하기 위해서 상대적으로 짧은 시간 내에 변화할 수 있는 능력을 가지고 있다. 특히 어떤 식물들의 근권에서 흔히 발견되는 특정한 박테리아는 다양한 환경 오염원에 잘 적응하여 해당 오염원을 분해한다. 그러므로 식물과 미생물의 협력 관계는 식물의 생존에 중요할 뿐만 아니라 인간과 다른 생물들을 위해 건강한 환경을 만드는 데 있어서 중요한 역할을 한다.

식물성 화학물

식물이 생산하는 화학물을 '식물성 화학물(phytochemicals)'이라고 부른다. 식물성 화학물은 잎에서 생산되어 뿌리를 통하여 분비된다. 이 분비물들은 다른 식물과의 경쟁을 완화시키고 미생물, 해충, 동물들로부터 식물을 보호한다. 예를 들어 어떤 식물은 휘발성 물질인 테르펜을 생산한다. 이 물질은 싹의 발아를 막고 다른 식물의 뿌리가 자라는 것을 억제한다.

많은 주요 의약품들이 식물성 화학물질에서 기원하였다. 잘 알려진 예로 아스피린은 버드나무 껍질에서 파생되었다. 또 말라리아 치료제인 키니네는 기나수 껍질에서 유도되었다. 강심제로 사용되는 디기탈리스의 기원은 자주색 디기탈리스의 말린 잎이다. 암 치료제로 주목받고 있는 택솔은 퍼시픽 주목나무에서 나왔다.

실제로 지금 사용되는 중요 의약품들 가운데 수백 가지가 식물에서 추출되었다. 새로운 약으로 어떤 식물들을 사용할 수 있는지에 대한 분류 작업은 아직 초보적인 수준에 머물러 있다. 오늘날 가장 빠른 속도로 성장하고 있는 의약과 영양 분야는 약용식물, 식물성 화학물 및 식물의 다른 생산물의 유익한 활용에 대한 재발견이다.

한 종의 식물이 멸종될 때마다 우리는 이런 가치 있는 화학물을 얻을 수 있는 기회를 잃게 되는 셈이다. 실제로 우리는 세계를 둘러싸고 있는 숲을 파괴하여 우리 자신의 건강을 위기에 빠뜨리고 있다.

우주공간 속에서 지구를 보아도 또 한 식물의 작은 환경을 보아도 어떤 지속적이고 역동적인 움직임을 발견할 수 있다. 우리 별을 움직이는 공생관계는 축소된 규모에서도 계속되고 있다. 광합성, 미생물 활동, 증산, 전류와 같은 복잡한 상호작용은 지구라는 별을 우주상에서 생명체가 있는 것으로 알려진 단 하나의 행성으로 만들었다.

이 별 위에서 모든 형태의 생명체들은 서로가 서로에게 의존하는 복잡하게 얽힌 그물을 짜고 있다. 그리고 인간은 이 별의 파수꾼이다. 우리는 살아있는 생물권의 지속 가능성을 지키기 위해서 이들 생명의 과정과 우리의 기술적 진보 사이의 균형을 맞추어야만 한다.

3장

/

친환경 공기청정기 실내식물

식물의 가장 중요한 임무는 그저 화려한 색채로 우리의 눈을 즐겁게 하고 달콤한 과일로 우리의 입을 기쁘게 하는 데 있지 않다. 물론 그런 일도 중요하지만 식물은 그 이상의 일을 한다. 식물은 소리 없이 공기 중에 있는 그리고 지구상의 모든 집들에 있는 더럽고 해로운 물질을 먹어 치운다. 어떤 집이든 식물이 건강하게 잘 자란다면 더 깨끗하고 건강한 집이 될 것이다.

– 《레이디즈 플로럴 캐비닛(Ladies' Floral Cabinet)》에서

원예 애호가들이 수십 년 전부터 체험하고 있었던 사실을 과학자들은 이제야 알아챘다. 그것은 식물을 가꾸면 스트레스가 줄어들고 환경이 깨끗해진다는 사실이다. 최근 한 연구 단체는 몸과 마음의 건강을 위해서 최고의 약을 찾고 있다면 연령에 상관없이 실내나 실외에서 식물을 길러보라고 권장하였다.

사람과 식물의 상호 관계에 대한 많은 연구들을 보면, 식물은 명백하게 사람과 그들이 살고 있는 환경에 무시할 수 없는 유익한 영향력을 행사한다고 밝히고 있으며 그 사실들을 과학적으로 입증하고 있다.

이러한 이유 때문인지 정원 가꾸기는 현재 가장 인기 있는 여가 활동 중 하나이며, 특히 실내식물 키우기는 열광적인 사랑을 받고 있다.

식물은 실내를 아름답게 장식해줄 뿐만 아니라 사는 멋과 일할 맛이 나는 정감 있고 매혹적인 곳으로 만든다. 사람들의 마음을 위로하고 평온함을 주는 등 식물은 정신적인 면에서도 긍정적인 영향을 준다. 그래서 결혼식을 비롯해 장례식, 병문안, 생일 등 우리 인생에 있어서 특별한 순간마다 식물이 그렇게 중요한 역할을 하는 것 같다.

사람은 살아있는 식물 근처에 있거나 식물을 돌보면 편안함을 느낀다. 그래서 기업체들은 생산성을 높이고 결근율을 줄이기 위해 실내에 정원을 꾸민다. 또 일류 호텔, 레스토랑 그리고 다른 상업적 장소에서도 식물은 고객을 유혹하는 데 일익을 담당하고 있다.

NASA의 식물 연구

달에 인간이 상주하는 기지를 설치하는 계획이 전개됨에 따라 NASA의 과학자들은 폐쇄 공간에 생태학적 생명 유지 시스템을 만드는 가능성에 대해서 연구하기 시작했다. 그런데 스카이 랩(유인우주실험실)을 설치하는 임무에 부수적인 문제점이 발생했다. 그것은 '어떻게 폐쇄된 기지 안에서 사람이 살 것인가' 하는 문제였다.

우주선 내부의 공기를 분석해 보니 공기의 질이 가장 심각한 문제였다. 민감한 기체 분석기인 기체크로마토그래프/질량분석기(GC/MS)를 사용하여 측정해 본 결과 승무원이 있는 동안 우주선 내부 공기에는 300가지가 넘는 휘발성 유기화합물이 존재하였다.

1980년 NASA의 존 C. 스테니스 우주 센터에서 실내식물이 밀폐된 실험실에서 휘발성 유기화합물을 제거한다는 사실을 처음으로 알아냈다. 그리고 1984년 NASA는 밀폐된 실험실에서 식물이 포름알데히드를 제거하는 효과가 있다는 연구 결과를 발표했다. 이 발견은 실내 조경사들과 실내식물 재배자들은 물론 일반인들에게도 선풍적인 센세이션을 일으켰다.

이 연구의 잠재적인 가치를 깨달은 미국 조경업자협회는 밀폐된 실험실에서 12가지의 일반적인 실내식물이 포름알데히드, 벤젠, 트리클로로에틸렌을 제거하는 능력을 평가하기 위한 NASA의 2년간의 연구에 공동 기금을 내놓았다.

1989년 긍정적인 연구 결과가 발표되자, 미국 조경업자협회는 깨끗한 공기를 위한 식물협의회(Plants for Clean Air Council, PCAC)라는 비영리 단체를 창설하여 실내공기의 질을 개선하는 데 유용한 실내식물의 개발과 재배에 지속적인 지원을 하고 있다.

NASA의 바이오홈

새로운 발견에는 항상 비판의 소리가 따라다니기 마련이다. 이 연구에 대한 가장 큰 비판의 목소리는 '폐쇄 실험실에서 행해진 연구가 실제 현실 상황에 적용될 수 있을까' 하는 강한 의구심을 담고 있었다. 이에 NASA는 이런 의문과 다른 관련 문제에 대한 답을 제시할 목적으로 '바이오홈(Bio-home)'이라는 완전 밀폐된 작은 구조물을 개발했다.

선구자적인 디자인을 가진 바이오홈은 열과 에너지를 최대한 차단할 수 있도록 설계되었다. 내부 인테리어는 휘발성 유기화합물이 배출되도록 플라스틱과 다른 합성물질을 사용하였다. 그 결과 바이오홈에 들어간 사람들은 눈과 목이 따끔거리고 숨쉬기가 곤란했다. 전형적인 건물병증후군 관련 증상을 경험했던 것이다.

다음으로 바이오홈에 실내식물과 활성탄을 넣은 플랜터(식물을 심는 대형 용기-역주)를 넣기 전과 후의 공기 표본을 각각 채집하였다. 일반적으로 보조 팬이 장착된 플랜터는 약 15그루의 실내식물이 휘발성 유기화합물을 제거하는 능력과 거의 동일한 능력을 지니고 있다. 보조 팬이 장착된 이 대형 플랜터에 활성탄을 채우고 에피프레넘(골든 포토스)을 심었다. 이와 함께 커다란 필로덴드론 6그루도 바이오홈에 배치하였다.

며칠 후에 공기 표본을 다시 채집하여 분석하였더니 휘발성 유기화합물이 감소한 사실을 알 수 있었다. 물론 과학적인 입증을 위해서는 휘발성 유기화합물이 얼마나 줄었는지를 화학적으로 분석할 필요가 있다.

◀ NASA 바이오홈의 외부 전경

▼ 바이오홈의 공기정화 및 하수 처리 시스템

▼ 바이오홈의 식당 및 휴게실

그러나 결정적인 증거는 바이오홈에 들어간 사람들이 더 이상 건물병증후군 관련 증상을 경험하지 않았다는 사실이다. 바이오홈에 대한 연구는 식물이 밀폐된 건물 내부의 깨끗한 공기를 유지하는 데 있어서 절대적인 요소임을 증명하기에 충분했다.

이 연구를 완성하기 위하여 한 연구원이 직접 바이오홈에 들어가서 1989년 여름 동안 거주하였는데 그는 실내공기의 질에 아무런 문제를 느끼지 못했다. 그 이유는 실내식물들이 오염물질을 제거하여 건물병증후군을 완화시켜 주었기 때문이다. 일찍이 식물은 미관상 아름답고 좋은 심리적 영향을 준다는 이유로 사람들의 사랑을 받아왔는데, 이제는 식물이 우리가 호흡하는 공기를 깨끗하게 만드는 능력이 있다는 사실이 과학적으로 증명된 것이다.

식물의 포름알데히드 제거

1990년 깨끗한 공기를 위한 식물협의회와 월버튼 환경 서비스는 NASA의 선행 연구 성과를 확대하기 위한 연구의 공동 후원자가 되었다. 이후 지금까지 50가지의 실내식물들을 대상으로 밀폐된 실험실에서 다양한 독성 가스를 제거하는 식물의 능력이 실험되었다.

포름알데히드는 실내공기에 있는 가장 일반적인 독소이기 때문에 공기 중에서 이 물질을 제거하는 능력은 이들 식물들의 순위를 매기는 기준으로 활용된다. 지난 15년 동안 포름알데히드는 다른 어떤 물질보다 일반적인, 규제 여부에 관한, 그리고 과학적인 논쟁들을 많이 불러일으켰다.

우리가 사는 건물 안에는 포름알데히드를 배출하는 물건들이 너무나 많다. 우선 다양한 합성수지에서 포름알데히드가 검출된다. 그리고 쓰레기봉투, 종이 타월, 미용 티슈, 직물, 주름 영구처리 의류, 카펫 뒷면, 바닥마감재, 접착제 등 많은 소비재들이 제작되는 과정에서 포름알데히드가 사용되고 있다.

또 가스레인지를 사용하거나 담배를 피워도 포름알데히드가 배출된다. 베니어합판, 칩보드, 판넬과 같은 건축자재 역시 빼놓을 수 없는 포름알데히드의 원천이다. 특히 베니어합판과 칩보드는 둘 다 가정용 및 사무용 가구와 설비에 광범위하게 사용되고 있다.

포름알데히드에 접촉하면 수많은 건강상의 문제가 일어날 수 있다. 눈, 코, 입이 따끔거리는 증상은 이미 잘 입증된 사례이다. 다소 논란의 여지가 있지만 천식, 암, 만성 호흡기 질환, 신경 심리학적 질환들이 발생할 수도 있다.

한 실험에서 설치류를 포름알데히드에 노출시켰더니 암 발생률이 증가하였다. 이 실험은 포름알데히드 노출이 암 발생과 무관하지 않다는 명백한 증거라 할 수 있다. 그러나 이 실험의 결과를 인간에게 확대시키는 문제는 여전히 논란의 대상이다.

옆의 표는 50가지 실내식물의 포름알데히드 제거율을 표시한 것이다. 그리고 다음의 표들은 다른 화학물질 제거에 뛰어난 식물들을 순위별로 나타낸 것이다. 더 많은 식물들을 실험한다면 각종 화학물질을 제거하는 효과가 있는 식물의 순위가 바뀔 수도 있을 것이다. 크실렌과 톨루엔은 화학적 성질이 비슷하기 때문에 함께 묶어 실험했다. 이러한 화학물질을 배출하는 물건들의 리스트는 1장에 소개한 표 '실내공기 오염물질의 발생원'을 참조하길 바란다.

실내식물의 포름알데히드 제거율

식물	시간당 제거율(㎍/h)	식물	시간당 제거율(㎍/h)
보스턴고사리	◆◆◆◆◆◆◆◆◆◆◆◆◆◆◆◆◆◆◆◆	아글라오네마 실버퀸	◆◆◆◆◆◆◆
포트멈(분화국화)	◆◆◆◆◆◆◆◆◆◆◆◆◆◆◆	클로로피텀(접란)	◆◆◆◆◆◆◆
거베라	◆◆◆◆◆◆◆◆◆◆◆◆◆◆	왜성 바나나	◆◆◆◆◆◆◆
피닉스야자	◆◆◆◆◆◆◆◆◆◆◆◆◆◆	필로덴드론 에루베스센스	◆◆◆◆◆◆
드라세나 자넷 크레이그	◆◆◆◆◆◆◆◆◆◆◆◆◆◆	디펜바키아 카밀라	◆◆◆◆◆
대나무야자	◆◆◆◆◆◆◆◆◆◆◆◆◆◆	필로덴드론 도메스티컴	◆◆◆◆◆
네프롤레피스 오블리테라타	◆◆◆◆◆◆◆◆◆◆◆◆◆◆	에피프레넘(골든 포토스)	◆◆◆◆◆
인도고무나무	◆◆◆◆◆◆◆◆◆◆◆◆	아라우카리아	◆◆◆◆◆
아이비(헤데라)	◆◆◆◆◆◆◆◆◆◆◆◆	꽃베고니아	◆◆◆◆◆
벤자민고무나무	◆◆◆◆◆◆◆◆◆◆	마란타 레우코네우라	◆◆◆◆
스파티필럼	◆◆◆◆◆◆◆◆◆◆	시서스 엘렌다니카	◆◆◆◆
아레카야자	◆◆◆◆◆◆◆◆◆◆	게발선인장 (크리스마스 캑터스)	◆◆◆◆
행운목 (드라세나 맛상게아나)	◆◆◆◆◆◆◆◆◆◆	필로덴드론 셀륨	◆◆◆◆
관음죽	◆◆◆◆◆◆◆◆◆	싱고니움	◆◆◆◆
쉐플레라	◆◆◆◆◆◆◆◆◆	필로덴드론 옥시카르디움	◆◆◆◆
드라세나 마지나타	◆◆◆◆◆◆◆◆	안스리움	◆◆◆◆
드라세나 와네키	◆◆◆◆◆◆◆◆	칼라데아 마코야나	◆◆◆◆
맥문동	◆◆◆◆◆◆◆◆	포인세티아	◆◆◆◆
덴드로비움	◆◆◆◆◆◆◆◆	시클라멘	◆◆◆◆
디펜바키아 콤팩타	◆◆◆◆◆◆◆◆	팔레놉시스(호접란)	◆◆◆
튤립	◆◆◆◆◆◆◆	아나나스	◆◆◆
피쿠스 아리	◆◆◆◆◆◆◆	크로톤	◆◆◆
호마로메나 바리시	◆◆◆◆◆◆◆	산세비에리아	◆◆
테이블야자	◆◆◆◆◆◆◆	알로에 베라	◆◆
아잘레아	◆◆◆◆◆◆	칼랑코에	◆◆

실내식물의 크실렌과 톨루엔 제거율

식물	시간당 제거율(㎍/h)	식물	시간당 제거율(㎍/h)
아레카야자	◆◆◆◆◆◆◆◆◆◆◆◆◆◆◆◆ ◆◆◆	호마로메나 바리시	◆◆◆◆◆◆◆◆◆◆
피닉스야자	◆◆◆◆◆◆◆◆◆◆◆◆◆◆◆◆ ◆◆	네프롤레피스 오블리테라타	◆◆◆◆◆◆◆◆◆◆
팔레놉시스(호접란)	◆◆◆◆◆◆◆◆◆◆◆◆◆◆◆◆	드라세나 와네키	◆◆◆◆◆◆◆◆◆
디펜바키아 카밀라	◆◆◆◆◆◆◆◆◆◆	안스리움	◆◆◆◆◆◆◆◆
드라세나 마지나타	◆◆◆◆◆◆◆◆◆◆	행운목 (드라세나 맛상게아나)	◆◆◆◆◆◆◆◆
덴드로비움	◆◆◆◆◆◆◆◆◆◆	벤자민고무나무	◆◆◆◆◆◆◆◆
디펜바키아 콤팩타	◆◆◆◆◆◆◆◆◆◆	스파티필럼	◆◆◆◆◆◆◆◆

실내식물의 암모니아 제거율

식물	시간당 제거율(㎍/h)	식물	시간당 제거율(㎍/h)
관음죽	◆◆◆◆◆◆◆◆◆◆◆◆◆◆◆◆ ◆◆◆	튤립	◆◆◆◆◆◆◆
호마로메나 바리시	◆◆◆◆◆◆◆◆◆◆◆◆◆	테이블야자	◆◆◆◆◆◆
맥문동	◆◆◆◆◆◆◆◆◆◆◆	싱고니움	◆◆◆◆◆
안스리움	◆◆◆◆◆◆◆◆◆◆	벤자민고무나무	◆◆◆◆
포트멈(분화국화)	◆◆◆◆◆◆◆◆◆	스파티필럼	◆◆◆◆
칼라데아 마코야나	◆◆◆◆◆◆◆◆	행운목 (드라세나 맛상게아나)	◆◆◆
덴드로비움	◆◆◆◆◆◆◆◆	아잘레아	◆◆◆

많은 실내식물들의 휘발성 화학물질 제거 능력이 실험되었는데, 다음 표는 스파티필럼에 의해 제거되는 여러 가지 화학물질의 상대적인 제거율을 보여준다.

스파티필럼의 화학물질 제거율

화학물질	시간당 제거율(㎍/h)	화학물질	시간당 제거율(㎍/h)
아세톤	◆◆◆◆◆◆◆◆◆◆◆◆◆◆◆◆ ◆◆◆	암모니아	◆◆◆◆◆
메틸알코올	◆◆◆◆◆◆◆◆◆◆◆◆◆	트리클로로에틸렌	◆◆◆◆
에틸아세테이트	◆◆◆◆◆◆◆◆◆	포름알데히드	◆◆◆
벤젠	◆◆◆◆◆◆◆	크실렌	◆

식물의 화학물질 제거 능력에 관련된 이러한 발견에 회의적인 사람들은 대체로 식물이 계속해서 공기 중의 오염물질을 흡수하면, 그 흡수 능력이 한계에 도달하게 되고 그 결과 식물이 죽거나 공기 중에 모든 오염물질을 다시 방출할 것이라는 주장을 내세운다.

이런 주장에 답하기 위해서 패널 칸막이에서 방출되는 포름알데히드를 제거하는 관음죽의 능력을 실험하였다. 이 실험을 위해 두 개의 실험실이 사용되었다. 첫 번째 방에는 관음죽과 포름알데히드 수지로 만든 패널 칸막이를 넣었다. 대조군이 되는 두 번째 방에는 패널 칸막이와 물이 담긴 비커만 넣었다. 비커를 넣은 이유는 두 실험실의 습도를 같은 조건으로 하기 위해서이다. 첫 번째 방에서는 비커 대신 식물이 증산작용을 하여 자연적으로 습도가 올라간다.

이 실험에서 관음죽은 포름알데히드 가스만 제거한 것이 아니었다. 노출 시간에 비례하여 제거율도 같이 상승하였다. 흥미롭게도 포름알데히드 가스는 식물에게 아무런 해를 끼치지 않은 듯 보였다. 다른 화학물질을 연구해본 결과, 실내식물들은 24시간 동안 밀폐된 실험실에서 유해가스에 노출되면 그 유해가스 제거 능력이 급속히 향상되었다.

이런 현상으로 볼 때 식물은 공기 중에 있는 오염물질을 뿌리 주변에 서식하는 미생물에게 전달하고 미생물은 전달받은 오염물질을 분해하는 것을 알 수 있다. 다시 말해서 미생물에게 오염물질의 분해라는 중대한 임무를 맡겼기에 식물은 공기 오염과의 전쟁에서 승리할 수 있는 것이다.

실내공기질의 다른 양상

사람이 호흡하는 동안 배출되는 생체 배기 역시 실내공기를 오염시킨다. 다음의 표는 사람이 가득 찬 교실에 가장 흔한 4가지 생체 배기를 보여준다. 이 표에서 확인할 수 있듯이 실내식물은 주변 공기에 있는 생체 배기를 아주 효과적으로 제거한다.

스파티필럼에 의한 생체 배기의 제거

에틸알코올	◆◆◆◆◆◆◆◆◆◆◆◆◆◆◆◆◆◆◆◆ ◇	메틸알코올	◆◆◆◆◆◆◆ ◇◇
아세톤	◆◆◆◆◆◆◆◆◆◆◆◆◆◆◆◆◆◆ ◇	에틸아세테이트	◆◆◆ ◇

◆ 하나의 식물이 제거한 생체 배기 ◇ 한 학생이 배출한 생체 배기

실내공기가 나빠지는 원인은 생체 배기와 휘발성 유기화합물 때문만은 아니다. 곰팡이 포자와 같이 공기 중에 떠다니는 미생물과 낮은 상대습도 역시 공기의 질을 악화시키는 주범이다.

전형적인 겨울철의 실내공기처럼 건조한 공기는 코와 목의 민감한 점막을 자극한다. 그 결과 공기 중의 화학물질, 바이러스, 곰팡이 포자, 먼지, 알레르기 원인물질의 공격에 대한 저항력이 약화된다.

실내식물의 수증기 배출

상대습도	24시간 동안 배출된 수증기량(L)	상대습도	24시간 동안 배출된 수증기량(L)
50%	◆◆ ◇◇◇◇◇	36%	◆◆◆◆◆ ◇◇◇◇◇◇◇◇◇◇

◆ 피쿠스 아리 ◇ 아레카야자

또한 식물은 주변 공기 속의 곰팡이 포자, 박테리아를 억제하는 식물성 화학물을 방출한다. 최근의 연구에서 식물이 가득 찬 방은 식물이 없는 방보다 공기 중에 떠다니는 곰팡이나 박테리아가 50~60%나 적게 함유되어 있다는 결과가 나왔다. 이 결과는 식물이 있는 방과 없는 방의 미생물 개체수를 비교하고 있는 다음의 표에 잘 나와 있다. 아마도 공기 중의 미생물로부터 스스로를 보호하기 위하여 식물이 방출한 식물성 화학물 때문에 이런 결과가 나온 듯하다.

공기 중 미생물에 대한 식물의 영향력	
식물이 가득 찬 일광욕실(상대습도 72%)	◆◆◆◆◆
식물이 없는 침실(상대습도 56%)	◆◆◆◆◆◆◆◆◆◆◆◆◆◆◆

◆ 미생물 개체의 상대적인 수

15년 넘게 '실험실과 실제 세계'라는 두 환경에서 식물에 대한 광범위한 연구가 진행되었다. 그 결과, 이제 우리는 식물이 어떻게 실내공기를 정화하는 기능을 수행하는지에 대한 기본적인 지식을 갖게 되었다.

원래 열대우림의 울창한 숲 속 아래에 갇혀 살았었던 대부분의 실내식물들은 수백만 년에 걸쳐 진화해 왔다. 자연적으로 이들 식물들은 희미한 빛만 있는 따뜻하고 습한 환경에서도 번성하였다. 자연은 이 식물들에게 뿌리 주변에 미생물을 길러서 잎과 다른 부스러기들의 복잡한 유기적 구조를 분해하게 하는 능력을 주었다.

식물의 잎은 기체 상태의 유기물을 흡수하여 소화시키거나 뿌리로 전류시켜서 미생물들이 양분으로 삼을 수 있게 한다. 그리고 증산작용은 식물이 공기 오염물질을 뿌리 주위의 미생물에게 전류시키는 데 쓰는 또 하나의 수단이다.

높은 증산율은 공기의 흐름을 만드는 대류를 일으킨다. 물이 뿌리 쪽에서부터 식물을 통하여 급속히 위로 움직일 때 뿌리 주변의 흙 쪽으로 공기가 빨려 들어간다. 이 과정을 통해 식물은 산소와 기체 상태의 질소를 뿌리 주변의 미생물에게 공급할 수 있다. 미생물에게 공급된 질소는 미생물의 분해에 의해 질산염으로 바뀌어 식물의 양분으로 쓰인다.

개별 호흡 공간의 공기정화

개별 호흡 공간(personal breathing zone)이란 개인을 둘러싼 0.17~0.23m^3의 범위를 말한다. 대개 책상 앞에 앉았을 때, 컴퓨터를 할 때, 텔레비전을 볼 때, 잘 때와 같이 한 개인이 여러 시간 동안 머물러 있는 장소가 포함된다.

이와 같은 개인의 호흡 범위 이내에 식물을 두면 여러 가지 좋은 작용들을 한다. 우선 습도를 높여준다. 또 생체 배기나 유해가스를 제거해주고 공기 중의 미생물의 증식을 억제해준다. 이들 작용은 심미적이고 정신적인 가치와 더불어 식물의 중요한 장점이다.

월버튼 환경 서비스가 개발한 강화 보조 팬 플랜터는 약 200그루의 실내식물에 해당하는 휘발성 유기화합물 제거 능력을 갖고 있다. 이 정화장치를 개별 호흡 공간 이내에 두면 놀라운 효과를 발휘한다.

규모가 큰 장소의 공기정화

실내식물이 개별 호흡 공간 내의 공기를 정화하고 있을지라도, 여전히 건물 전체에 깨끗한 공기를 공급할 필요가 있다. 건물 전체 공기를 깨끗하게 하기 위해서 환기를 자주 하는 것은 비능률적이며 비용도 많이 든다. 또한 환경적으로도 그 효과를 완전히 믿을 수 없다.

물건을 처음 들여놓기 전에 가스를 제거하는 것은 어느 정도 도움이 된다. 그러나 많은 제품들이 여러 해에 걸쳐 계속해서 가스를 배출한다.

만약 발상을 전환하여 건물 그 자체를 하나의 생태계로 바라보면, 식물을 이용하여 실내공기를 깨끗하게 할 수 있다는 가능성을 분명하게 깨닫게 될 것이다. 물론 식물도 단독으로는 완전한 해결책이 될 수 없을지도 모른다.

그러나 명백한 사실은 식물이 건강한 건물을 만드는 데 있어서 중요한 역할을 할 수 있다는 점이다. 이 목표를 달성하려면 건축설계사와 건축업자들이 건물을 지을 때 식물을 염두에 두고 있어야 한다. 대개 건물을 다 짓고 나서 나중에서야 빈구석 자리를 채울 목적으로 식물을 떠올린다. 아니면 다 지어진 건물에 거주자들이 들어와서 자연과 유대관계를 맺어보려고 시도할 때 비로소 식물들이 건물 속에 들어온다.

건물 그 자체가 하나의 생태계라는 개념을 증명하기 위하여, 나는 미시시피 주의 피카윤에 있는 113m^2 넓이의 우리 집에 실내공기정화 및 폐수 처리 시스템을 설치했다. 그것은 일광욕실(병원, 요양소, 가정 등에서 천장과 벽면을 유리로 만들어 햇빛이 들어오도록 한 방으로, 주로 일광욕이나 휴식 장소, 열대성 식물과 어류를 기르는 장소로 활용함-역주)의 외벽을 장식하고 있는 L자 모양의 수경재배 플랜터(정화장치)이다.

이 장치는 심미적 기능, 공기정화, 습도 조절, 인접 화장실의 하수 처리 등 네 가지의 주요 기능을 담당한다. 온실에서 생성된 공기는 중앙 열펌프에 의해 가열되어 건물 전체로 운반된다. 이 독특하고 창의적인 장치에는 식물의 뿌리 주변에 매설된 배기가스 세정기가 장착되어 있다.

부엌이나 욕실의 냄새와 다른 가스는 플랜터의 한 구성요소인 배기 팬에 의해 제거된다. 플랜터에는 활성탄과 같은 강력한 흡수력을 지닌 필터(여과 매체)가 들어 있다. 일단 유독 가스가 필터에 걸리면 식물의 뿌리는 그 유독 가스를 에너지와 양분으로 삼는다.

본질적으로 식물과 미생물은 지속적인 생물학적 정화작용을 창조한다. 실내조경에서 흔하게 사용하는 식물들이 우리 집의 플랜터를 채우고 있다. 그들에게 필요한 영양분과 수분은 화장실과 욕실을 통해서 공급된다. 그러나 원한다면 플랜터(정화) 및 필터(여과) 장치는 하수도 대신 상수도 및 영양분 시스템과 연결될 수도 있다. 1989년에 설치된 이 시스템은 모든 기능성, 관리의 용이성, 열대우림과 같은 환경 등 모든 측면에서 기대 이상의 성과를 보여주었다.

이 시스템은 항상 온도, 상대습도, 공기 중의 미생물 기준에 따라 감시되고 있다. 일반적인 냉난방 열펌프 시스템을 사용하여 40~60%의 쾌적한 습도 범위가

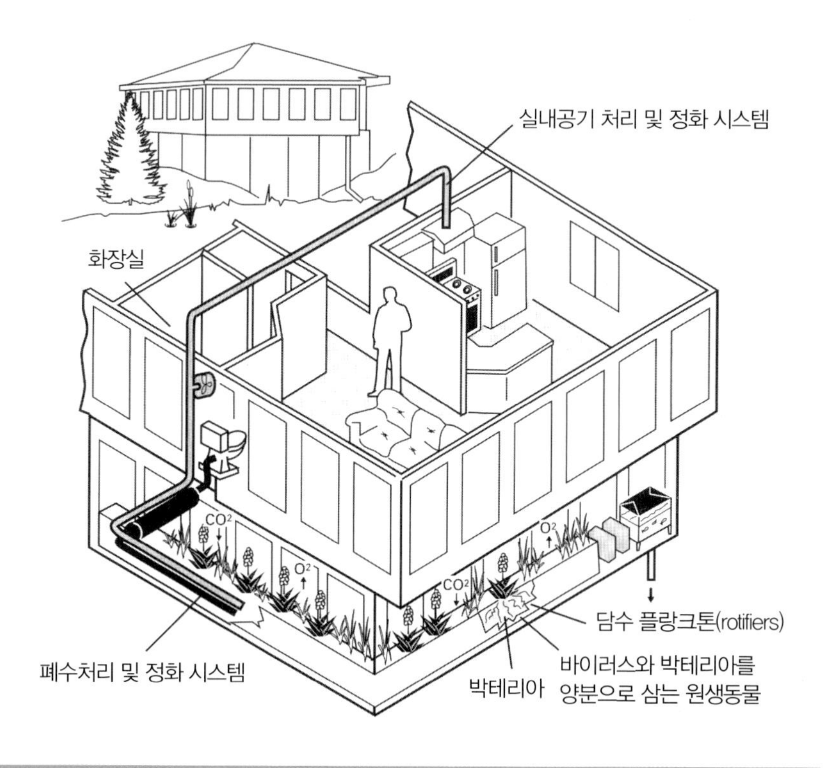

인공 생태계 방식으로 지은 월버튼 박사의 집

지속적으로 유지된다. 휘발성 유기화합물의 수치는 탐지할 수 없을 정도로 적다. 더 중요한 사실은 우리 가족 중 누구도 건물병증후군의 증상을 경험하지 않고 있다는 점이다. 곰팡이 포자와 박테리아는 식물이 없는 방보다 낮은 50~60% 이하의 수준을 유지한다.

쾌적한 실내환경을 만든다는 구체적인 목표를 갖고 식물을 활용한 최초의 공공건물은 미시시피 주의 부네빌에 있는 노스이스트 미시시피 단과대학(Northeast Mississippi Community College)의 과학수학관 건물이다. 이 건물을 지을 때 미시시피 주 공무원들과 대학 운영진들은 에너지 효율이나 환경공학 측면에서 모델이 될 만한 건물을 만들고자 했다.

그래서 식물을 기본으로 하는 공기정화 시스템이 이 쾌적한 건물의 절대적인 요소가 되게 되었다. 이 작은 주립대학은 에너지 효율성을 떨어뜨리지 않고 훌륭한 실내공기를 제공해주는 혁신적이고, 원가 효율적인 방법을 사용함으로써 21세기를 향한 거대한 첫발을 내딛었다.

이 건물은 그 자체로 다양한 과학 분야를 위한 수업 도구가 되고 있다. 건물의 2층에 위치한 아트리움(위에 유리 천장이 있는 중앙홀을 복도가 에워싸는 로마의 건축양식-역주)을 기반으로 하는 플랜터 시스템은 사무실과 회의실이 있는 건물의 372m²에 달하는 구역의 공기를 정화하기 위하여 식물의 능력을 활용하였다.

두 개의 직원 화장실에서 나온 폐수는 식물에게 수분과 양분을 공급해준다. 폐수는 식물 아래서 천천히 흘러가는 동안 정화된다. 실내 시스템의 초과 능력보다 공급된 폐수의 양이 많을 경우에는 중력 공급 장치를 이용하여 외부 정원으로 보내서 추가적인 처리를 한다.

건물 내에서 이 구역의 환기성은 감소되고, 공기는 자체적으로 재활용된다.

1993년부터 이 건물에서 생활했던 사람들은 실내공기의 질에 아무런 불평도 하지 않았다. 사실 건물 중 이 구역에 있는 사무실은 수요가 폭발적이다. 탁월하게 깨끗한 공기와 식물만이 줄 수 있는 심미적 아름다움을 즐길 수 있기 때문이다.

모든 건물의 궁극적인 목표는 되도록 원가를 효과적으로 유지하면서 편안하고 생산성이 높은 환경을 제공하는 것이다.

미시시피 대학도 현재 건설 중인 수자원 및 습지자원 센터의 실내공기 및 하수 정화를 위해 식물을 활용할 예정이다. 이 건물은 식물을 활용하여 공기와 폐수를 정화하는 가장 복잡하고 포괄적인 사례가 될 것이다.

즐비하게 들어선 식물들이 쾌적하고 매력적인 실내환경을 만들 수 있다는 사실을 가장 감동적으로 보여주는 대표적인 사례가 테네시 주의 네슈빌에 있는 오프리랜드 호텔이다. 이 호텔의 실내정원은 호텔을 성공으로 이끄는 데 큰 역할을 하였다.

식물은 개별 호흡 공간 내의 공기질에 영향을 미친다

자연광이 드는 유리 천장이 있는 두 개의 거대한 6층 건물로 이루어진 아열대 정원은 가로 4.9헥타르, 세로 0.81헥타르의 범위에 걸쳐서 펼쳐져 있다. 여기에 600종에 이르는 약 18,000그루의 실내식물들이 밀림처럼 무성하게 자라고 있으며, 안락한 환경을 위해 연중 22℃의 기온과 55~60%에 이르는 쾌적한 습도를 유지하고 있다.

이 정원이 너무 인기가 좋아서 호텔 측은 델타라는 이름의 또 다른 실내정원을 만들었다. 1.6헥타르 규모의 유리벽에 둘러싸인 이 정원에는 인공 강과 호수가 있고, 미국 남부의 델타 지역에서 유래한 많은 식물들이 자리잡고 있다.

개별 호흡 공간 안에 있는 실내식물에서부터 생명공학적 진보인 플랜터 및 필터 장치(정화 및 여과 장치)에 이르기까지 식물은 깨끗하고 건강한 실내공기를 얻기 위한 투쟁을 승리로 이끌었다. 식물과 미생물 그리고 인간이 정교하게 균형을 맞추는 이 과정은 자연의 모습과 닮았다.

많은 연구 자료와 실제 현실 상황에서의 응용은 식물이 실내공기의 질 개선에 효과적이라는 사실을 증명하였다. 그리고 좋아하는 실내식물에 대한 사람들의 견해를 서서히 바꾸고 있다. 실내식물은 더 이상 사치품이 아니라 건강을 위한 필수품인 것이다. 수년간에 걸쳐 증명된 과학적 증거들이 말해주듯 식물은 환경 친화적인 '살아있는 공기정화기'이다.

4장

/

공기정화식물 재배 가이드

바야흐로 우주 생물학의 양상을 띠게 된 원예학은 다시 한 번 인간과 식물의 본질적인 관계를 재정립하고 있다. 학교, 가정, 사회에서 원예는 그 중요성이 증가되어야 한다. 그것은 살아있는 세계의 상호 연관성을 강조하기 위함이요, 여기 지구 위에서의 삶을 더 아름답고 품위 있게 만들기 위함이다.

– 퍼듀 대학의 쥴 야닉 교수

온도

실내식물은 대체로 우리가 쾌적하게 느끼는 온도에서 잘 자란다. 그러나 계절의 변화에 따라 온도를 바꿔주거나 휴면기 동안에는 서늘한 곳에 두는 등의 특별한 관리가 필요한 식물들도 있다.

대부분의 실내식물들은 18~24℃ 사이의 기온에서 잘 자란다. 몇 도 정도의 기온 변동이 있더라도 해롭지 않다. 사실 대부분의 식물들이 밤에는 기온이 약간 떨어지는 편을 좋아한다.

창문 바로 옆의 공기는 실내온도보다 훨씬 더 뜨겁거나 차가울 수 있으므로 식물을 창문에 너무 가까이 두는 것은 좋지 않다. 또 화기나 난방장치, 냉·난방장치의 환풍구 주위도 피해야 한다. 강하게 불어오는 뜨겁거나 차가운 공기를 좋아하는 식물은 없기 때문이다.

습도

공기 중의 수분은 실내식물뿐만 아니라 사람이 건강을 유지하고 안락함을 느끼는 데에도 중요하다. 식물과 사람 모두에게 이상적인 습도는 35~65% 정도이다. 습도는 기온과 밀접한 관계가 있어서 기온이 높아질수록 공기 중의 수분은 더 급속히 줄어들게 된다.

감소된 공기 중의 수분을 가습기로 보충할 수는 있다. 그러나 가습기에 질병을 일으키는 미생물이 자라지 않도록 청결상태를 유지해야 하는 등 각별한 관리가 필요하다. 조약돌로 채워진 쟁반에 물을 넣어 그 속에 식물을 키우는 방법은 습기 보충에 도움이 되지만, 따뜻한 방 안에 고여 있는 물을 그대로 두면 곰팡이의 온상이 되기 십상이다. 따라서 실내공기질을 고려해 볼 때 그리 바람직한 방법은 아니다.

식물에게 적당한 습도를 유지하는 가장 쉽고 간편한 방법은 분무기를 사용하여 규칙적으로 잎에 물을 뿌려주는 것이다. 심하게 건조할 때는 하루에 한 번 이상 물을 분사해 주는 것이 좋으며 이때 카펫이나 다른 바닥마감재가 젖지 않도록 주의한다.

여러 식물을 한곳에 모아서 키우는 것도 좋은 방법이다. 식물들을 함께 키우면 가까이에 있는 식물의 잎에서 증산되는 수분을 다른 식물의 잎이 자연스럽게 흡수하게 된다. 그리고 공기가 건조하면 할수록 식물들은 증산작용을 통하여 더 많은 수분을 공기 중에 방출할 것이다. 한마디로 식물 자체가 '자연이 만든 가습기'라고 할 수 있다.

환기

적당히 촉촉하고 신선한 공기가 흐르는 환경 속에서는 식물이 더욱 원활하게 호흡을 한다. 식물들을 한곳에 모아 기르면 공기 순환이 잘 된다. 그러나 공기가 정체되어 있거나 순환이 잘 안 되면 식물은 균류에 의해 병에 걸리거나 해충의 공격을 받기 쉽다. 식물은 적정한 환기가 필요한데 외풍이나 식물 주변의 급격한 온도 변화는 피해야 한다.

잎에 먼지가 쌓이면 잎에 있는 미세 구멍인 기공이 막혀서 식물의 성장이 둔해질 수 있다. 분무기로 물을 분사해 주면 먼지 제거에 도움이 되지만 대부분의 식물에 있어서 제일 좋은 방법은 젖은 천으로 닦아주는 것이다. 마른걸레나 먼지떨이, 부드러운 솔은 먼지를 일으켜 공기 중에 떠다니게 만들기 때문에 쓰지 않는 편이 좋다.

빛

빛은 모든 식물에게 필요하나, 필요한 빛의 양은 식물의 종(種)이나 속(屬)에 따라 다양하다. 일반적으로 꽃이 피고 열매를 맺거나 알록달록한 잎을 갖고 있는 식물은 단순히 녹색 잎만을 가진 식물보다 더 많은 빛을 필요로 한다.

현재 우리가 알고 있는 실내식물은 그 원산지가 대부분 열대나 아열대 지역이다. 그렇기 때문에 열대우림의 울창한 숲에 가려져서 희미한 빛만 드는 경우에서부터 밝고 탁 트인 초원이나 산악지대 같은 경우까지 빛의 조건이 다양하다. 지금은 다른 환경에서 살고 있더라도 실내식물이 받는 빛의 조건은 원산지의 빛의 조건과 비슷해야 한다. 그렇지 않으면 생존하기 어렵다.

○ 햇빛

식물을 기르는 데 있어서 중점을 두어야 할 것은 햇빛이 가장 적합한가, 아닌가에 있는 것이 아니고 '얼마나 많은 양의 빛에 얼만큼의 시간 동안 노출시켜야 하는가' 하는 것이다. 실내에서, 더 정확히는 실내의 한 지점에서 받는 빛의 양은 하루의 시간 변화에 따라 점점 변한다.

그런데 선인장이나 다육식물처럼 건조한 지역에서 온 식물은 하루 종일 직접적인 햇빛을 받아야 생존할 수 있는 반면, 어떤 식물은 그다지 강렬하지 않은 햇빛이라도 직접적으로 노출되면 조금도 못 견디고 잎이 타 버린다.

또 어떤 식물은 간접 광선이나 망사 커튼을 통해 여과된 빛을 더 좋아한다. 결론적으로 말해서 식물이 건강하게 자라도록 하려면 그 식물에 어떤 빛이 필요한지를 기본적으로 알아야 한다.

○ 백열등 빛

백열등은 가장 전통적인 가정 조명이다. 백열등 빛은 높은 비율의 적색광을 방출하는데, 이 적색광은 꽃이 피는 식물들에게는 필수적이다. 하지만 백열등은 청색광과 자색광은 충분히 방출하지 못한다. 백열등 단독으로는 식물이 자라는 데 필요한 모든 빛을 만들어줄 수 없지만 백열등과 형광등을 병용하여 사용하면 햇빛 없이도 식물을 키울 수 있다.

○ 형광등 빛

형광등은 사무실에서 일반적으로 사용되며, 가정에서도 많이 사용되고 있다. 형광등 빛은 백열등 빛과 달리 잎을 만드는 데 필요한 청색광의 비율이 높기 때문에 주로 잎을 보기 위해 기르는 관엽식물은 형광등만으로도 키울 수 있다.

개량된 형광등의 경우에는 청색광뿐 아니라 자색과 적색광도 방출한다. 형광등은 일단 가격이 저렴하고 백열등처럼 여린 잎을 태우거나 마르게 하지 않기 때문에 식물을 기르는 데 가장 많이 사용되고 있다.

○ 메탈 핼라이드 빛(할로겐 램프)

메탈 핼라이드 램프(할로겐 램프)는 백열등보다 몇 배나 더 강렬한 빛을 만든다. 이 램프는 식물이 잘 자라는 거의 대부분의 파장을 갖는 빛을 내며, 청색광과 백색광이 조화를 이뤄 식물이 건강하게 잘 자라고 꽃도 잘 피운다. 이 램프는 특히 대형 실내식물을 키울 때 적합하다.

실내식물을 위한 빛의 조건

일반적으로 실내식물은 인공조명만으로도 잘 자랄 수 있지만 대부분의 실내식물은 주로 창가에서 자연적인 빛(햇빛)으로 키워지는 경우가 많고 인공적인 빛은 보조수단으로 사용되고 있다.

다음에 소개되는 양지, 반양지, 반음지, 음지 이 4가지는 실내식물이 좋아하는 빛의 조건에 따라 분류한 것이다.

○ **양지**

양지란 적어도 하루에 5시간 이상 직접적인 햇빛을 받을 수 있는 장소를 말한다. 하루 종일 직접적인 햇빛을 견딜 수 있는 실내식물은 거의 없다. 태양광선이 유리창에 의해 증폭되어서 온도가 잎을 태울 정도로 상승할 수도 있다. 따라서 직접적인 햇빛을 좋아하는 식물이라할지라도 유리창 바로 앞에 두어서는 안 되며, 특히 여름철에는 보호장치를 설치할 필요가 있다.

○ **반양지**

겨울철에 하루에 2시간 정도 직접적인 햇빛을 받을 수 있는 장소를 말한다. 하루 중 대부분은 반사광이나 간접적인 빛을 받는 지역이다. 대부분의 꽃식물이 이 조건에서 꽃을 피운다.

○ **반음지**

직접적인 빛은 전혀 없지만 밝고 간접적인 빛을 많이 받을 수 있는 장소를 말한다. 이런 장소에서 빛은 주로 망사 커튼, 나무, 키 작은 관목, 차양 등에 의해 여과되어 들어온다. 이런 빛의 조건에 있을 때 인공적인 빛을 추가로 비추어 주면 꽃을 피우는 식물도 있다. 대다수의 관엽식물들이 좋아하는 빛 조건이다.

○ **음지**

직접적인 빛이 거의 들지 않고, 정오에도 약간 어두운 장소를 말한다. 그러나 그림자를 드리울 정도의 간접광은 충분하게 비추어 주어야 한다. 몇몇의 관엽식물만이 이런 빛의 조건에서 오랫동안 견딜 수 있다. 그러나 그런 식물들조차도 때때로 빛을 보충해 주거나 더 밝은 장소로 옮겨 주어야 한다.

선호하는 빛의 조건에 따라 분류한 실내식물

식물명(일반명)	학명	식물명(일반명)	학명
양지			
알로에 베라	*Aloe barbandensis*	칼랑코에	*Kalanchoe blossfeldiana*
크로톤	*Codiaeum variegatum pictum*	아라우카리아	*Araucaria heterophylla*
왜성 바나나	*Musa cavendishii*	튤립	*Tulipa gesneriana*
피쿠스 아리	*Ficus macleilandii* "Alii"	꽃베고니아	*Begonia semperflorens*
포트멈(분화국화)	*Chrysanthemum morifolium*	벤자민고무나무	*Ficus benjamina*
거베라	*Gerbera jamesonii*		
반양지			
알로에 베라	*Aloe barbandensis*	거베라	*Gerbera jamesonii*
안스리움	*Anthurirum andraeanum*	네프롤레피스 오블리테라타	*Nephrolepis obliterata*
아레카야자	*Chrysalidocarpus lutescens*	관음죽	*Rhapis excelsa*
싱고니움	*Syngonium podophyllum*	맥문동	*Liriope spicata*
대나무야자	*Chamaedorea seifritzii*	아라우카리아	*Araucaria heterophylla*
보스턴고사리	*Nephrolepis exaltata* "Bostoniensis"	시서스 엘렌다니카	*Cissus rhombifolia* "Ellen Danika"
크리스마스 캑터스	*Schlumbergera bridgesii*	테이블야자	*Chamedorea elegans*
이스터 캑터스	*Schlumbergera rhipsalidopsis*	스파티필럼	*Spathiphyllum* sp.
크로톤	*Codiaeum variegatum pictum*	마란타 레우코네우라	*Maranta leuconeura* "Kerchoveana"
덴드로비움	*Dendrobium* sp.	인도고무나무	*Ficus robusta*
디펜바키아 카밀라	*Dieffenbachia camilla*	산세비에리아	*Sansevieria trifasciata*
디펜바키아 콤팩타	*Dieffenbachia* "Exotica Compacta"	클로로피텀(접란)	*Chlrorophytum comosum* "Vittatum"
왜성 바나나	*Musa cavendishii*	튤립	*Tulipa gesneriana*
피닉스야자	*Phoenix roebelenii*	아나나스	*Aechmea fasciata*
아이비(헤데라)	*Hedra helix*	꽃베고니아	*Begonia semperflorens*

피쿠스 아리	*Ficus macleilandii* "Alii"	벤자민고무나무	*Ficus benjamina*
포트멈(분화국화)	*Chrysanthemum morifolium*		
반음지			
싱고니움	*Syngonium podophyllum*	필로덴드론 셀륨	*Philodendron selloum*
보스턴고사리	*Nephrolepis exaltata*	맥문동	*Liriope spicata*
아글라오네마 실버퀸	*Aglaonema crispum*	팔레놉시스(호접란)	*Phalenopsis* sp.
행운목 (드라세나 맛상게아나)	*Dracaena fragrans*	아라우카리아	*Araucaria heterophylla*
크로톤	*Codiaeum variegatum pictum*	시서스 엘렌다니카	*Cissus rhombifolia* "Ellen Danika"
시클라멘	*Cyclamen persicum*	테이블야자	*Chamaedorea elegans*
드라세나 마지나타	*Dracaena marginata*	스파티필럼	*Spathiphyllum* sp.
디펜바키아 카밀라	*Dieffenbachia camilla*	칼라데아 마코야나	*Calathea makayana*
디펜바키아 콤팩타	*Dieffenbachia* "Exotica Compacta"	포인세티아	*Euphorbia pulcherrima*
아잘레아	*Rhododendron simsii* "Compacta"	마란타 레우코네우라	*Maranta leuconeura* "Kerchoveana"
필로덴드론 도메스티컴	*Philodendron domesticum*	필로덴드론 에루베스센스	*Philodendron erubescens*
아이비(헤데라)	*Hedera helix*	인도고무나무	*Ficus robusta*
에피프레넘(골든 포토스)	*Epipremnum aureum*	쉐플레라	*Brassaia actinophylla*
필로덴드론 옥시카르디움	*Philodendron oxycardium*	산세비에리아	*Sansevieria trifasciata*
드라세나 자넷 크레이그	*Dracaena deremensis* "Janet Craig"	클로로피텀(접란)	*Chlorophytum comosum* "Vittatum"
네프롤레피스 오블리테라타	*Nephrolepis obliterata*	드라세나 와네키	*Dracaena deremensis* "Warneckei"
호마로메나 바리시	*Homalomena wallisii*		
음지			
싱고니움	*Syngonium podophyllum*	필로덴드론 옥시카르디움	*Philodendron oxycardium*
아글라오네마 실버퀸	*Aglaonema crispum*	호마로메나 바리시	*Homalomena wallisii*
필로덴드론 도메스티컴	*Philodendron domesticum*	필로덴드론 에루베스센스	*Philodendron erubescens*
에피프레넘(골든 포토스)	*Epipremnum aureum*	산세비에리아	*Sansevieria trifasciata*

실내식물을 재배하는 용토

○ 수경재배

용액 속에서 식물을 기르는 것은 50년 이상 과거로 거슬러 올라갈 정도로 오래 전부터 이용된 방법이다. 물과 영양분이 식물의 뿌리 주위를 흐르게 하는 방법이라 하여 '수경법(水耕法)'이라 부르며, 제2차 세계대전 중에 태평양 제도에 주둔하고 있는 미국 장병들에게 신선한 야채를 보급하기 위해 사용되었다.

식물을 지지하는 하층토로 흙이 아닌 다른 물질을 넣고 물구멍 없는 화분에서 실내식물을 기르는 수경기술을 일반적으로 '수경재배(水耕栽培)'라고 부른다. 수경재배에서 물과 영양분은 하층토로 공급된다. 수경법이란 용어와 수경재배라는 용어는 종종 같은 의미로 사용되기도 한다.

유럽에서는 대부분의 실내식물들이 수경재배 기술에 의해 상업적으로 재배된다. 그러나 미국의 경우 이 방법을 사용하여 상업적인 재배를 하는 사람은 드물다. 왜냐하면 많은 사람들이 수경재배가 너무 복잡하고 과학적인 방법이라고 생각하기 때문이다.

또 어떤 사람은 꼭 유럽에서 공수해 온 점토석을 사용해야만 성공한다고 오해하기도 한다. 그러나 가격이 저렴한 발포연석(하이드로볼처럼 점토를 고온에서 발포시켜 만든 부드러운 돌-역주)이나 화산쇄석, 부석(浮石)과 같이 높은 침투성을 지닌 다른 화성암을 하층토로 사용하면 적은 비용으로 수경재배를 할 수 있다.

하층토의 목적은 단순히 식물을 지지하는 데만 있지 않다. 하층토는 물과 양분이 식물의 뿌리로 잘 이동할 수 있도록 돕는다. 높은 침투성을 가진 하층토는 저수층에 있는 수분을 뿌리 쪽으로 끌어올려 주는 일종의 심지와 같은 역할을 한다.

수경재배를 하면 지속적인 수분 공급을 좋아하는 식물은 뿌리를 습기가 있는 지역으로 깊숙이 뻗어갈 수 있고, 습기가 없는 편을 좋아하는 식물은 건조한 지역으로 뿌리를 뻗을 수 있다.

점점 더 많은 사람들이 무엇보다 실내공기의 질을 개선하기 위해 실내식물을 구입하고 있으므로 수경재배법도 분명히 증가할 것이다. 수경재배법에는 여러 가지 장점이 있다.

우선 흙을 사용하지 않으므로 지저분해질 염려가 없다. 또 어림짐작으로 물을 주지 않아도 된다. 물이 수위계상의 최고치와 최저치 사이에만 오도록 관리하기만 하면 된다. 산소나 다른 기체가 더 쉽게 뿌리 쪽으로 내려갈 수 있으므로 수경재배로 기르는 실내식물은 더 효과적인 공기청정기가 될 수 있다.

수경재배는 관수(물주기)를 아래쪽에서 하기 때문에 표면은 건조한 상태로 유지된다. 따라서 곰팡이나 균은 사실상 존재할 수 없게 되며 해충들의 침범에 노출될 가능성 역시 현저하게 감소된다. 게다가 비료를 자주 줄 필요가 없다. 증발과 증산을 통하여 물이 증발되고 나면 수돗물에 자연적으로 들어 있는 무기 양분들이 농축되어 남기 때문이다.

한 가지 알아둘 점은 물과 양분은 항상 물 보충관을 통하여 넣어주어야 한다는 것이다. 위쪽에서 물을 주면 하층토의 맨 윗부분에 소금 결정이 형성될 수 있다. 소금 결정이 생겼을 때에는 하층토의 윗부분을 5~7.5cm 정도 잘라내어 뜨거운 물에 담가두면 제거된다.

어떤 식물은 염분에 매우 약한 반면, 또 어떤 식물은 적응력이 뛰어나 염분을 스스로 잘 처리한다. 예를 들어 아레카야자는 염분이나 다른 무기 양분들을 특정 가지로 이동시켜 축적한다. 이로 인해 포화상태가 된 가지는 죽게 되므로 제거해주어야 한다. 관음죽은 염분을 과도하게 흡수하면 잎의 끝부분에 전류시킨다. 이때 핑킹가위로 죽은 잎 끝부분을 잘라주면 잎 모양을 자연스럽게 톱니 모양으로 유지할 수 있다.

다른 식물들도 이와 비슷한 방법으로 배양액 속의 과도한 무기 양분을 제거한다. 무기 양분의 축적 정도는 식물의 증산율과 수돗물 속에 함유된 무기 양분의 농도에 따라 달라진다. 수경재배에서 소금 결정의 형성은 많은 식물들의 경우 여러 해가 지나야 생긴다.

○ 지하관수

지하관수(地下灌水)란 물구멍이 없는 화분에 흙을 채워 넣고 물보충관을 통해 물을 주면 물이 화분 아래 저수조에 채워지고 이 물이 식물에게 공급되는 방법이다. 쉽게 말해서 화분 밑에 고인 물을 활용하는 방법으로 '저면관수(底面灌水)'라고도 한다.

이 방법은 수경재배와 비슷하지만 하이드로볼과 같은 인공토양 대신 양분이 있는 흙을 사용한다는 점이 다르다. 이 방법은 가정에서 실내식물을 기르는 데에는 자주 사용하지 않지만 상업적인 실내공간 조경산업에서는 큰 인기를 얻고 있다.

지하관수의 장점은 정확히 계산된 비율대로 물이 저수조에서 끌어올려진다는 것이다. 이 방법은 위쪽에서 물을 주는 일반적인 방법과 달리 '건조함-습함-건조함'의 악순환을 피할 수 있게 한다. 게다가 화분에 물구멍이 없으므로 일반적인 화분에서처럼 양분이 물구멍을 통해 빠져버리지 않고 흙 속에 그대로 남아있게 된다.

그러나 지저분하게 흙을 만져야 된다는 사실은 제쳐두더라도 지하관수를 하면

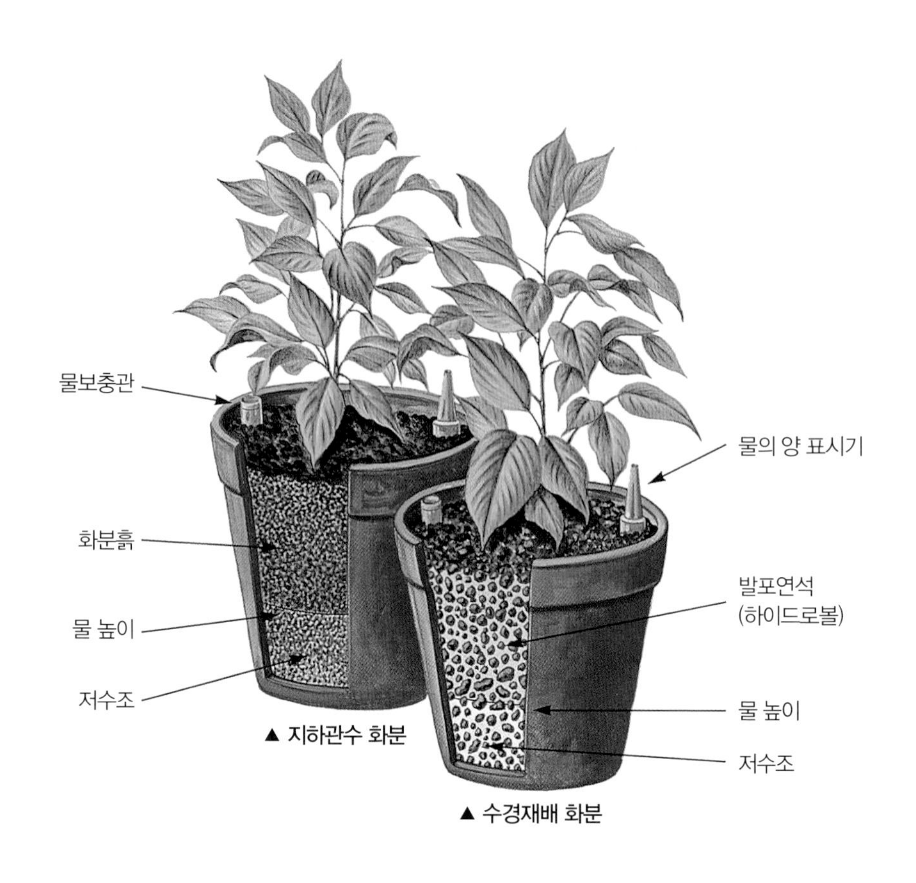

▲ 지하관수 화분

▲ 수경재배 화분

노출된 표토에 곰팡이가 자랄 수 있다는 단점이 있다. 또 흙의 높은 밀도 때문에 수경재배를 할 때보다 공기가 침투하기 힘들므로 산소와 다른 기체들이 식물의 뿌리에 도달하기가 어려워진다. 결과적으로 지하관수는 수경재배에 비하여 식물의 성장이 훨씬 더 더디고 공기 중에서 오염물질을 제거하는 효과도 더 떨어진다.

○ 일반 화분

일반 화분을 사용하는 재배법은 식물을 키우는 가장 전통적인 방법이다. 바닥에 물구멍이 있는 화분과 넘치는 물을 받을 수 있는 물받침 혹은 접시가 용기로 사용된다. 물은 흙의 표면에 주게 되는데 위쪽에서 물을 주는 방법은 흙 속에 함유된 양분이 물구멍을 통해 빠져나가게 만든다. 그러므로 일반 화분에 식물을 키울 경우 비료를 더 자주 줄 필요가 있다.

일반 화분의 장점은 배양토나 화분에 심을 식물을 쉽게 구할 수 있다는 것이다. 게다가 양분이 여과되기 쉬우므로 염분에 약한 실내식물을 기르면 좋다.

일반 화분의 단점은 어림짐작으로 물을 주어야 한다는 것이다. 물을 너무 많이 주면 뿌리가 썩거나 물받침이나 바닥 위에 곰팡이가 생길 수 있고, 이와 반대로 물을 너무 적게 주면 식물이 스트레스를 받게 된다. 너무 습기 찬 흙은 곰팡이를 잘 자라게 하고 뿌리로 가는 공기 순환을 감소시킨다. 또한 물구멍이 있는 일반 화분에서 작물을 키우면 양분이 너무 쉽게 여과되어 버리기 때문에 비료를 자주 주어야 한다.

병해충

실내식물에서 흔히 발견되는 해충으로는 응애(spider mites), 깍지벌레(mealy-bugs), 개각충(scale insects), 진딧물(aphid, plant lice) 등이 있다.

○ 응애

응애는 너무 작아서 육안으로는 거의 볼 수 없으며, 건조하고 따뜻하면 성장이 촉진된다. 이 해충은 식물의 잎 아래쪽에 미세한 그물을 치고 식물의 즙을 빨아먹기 때문에 식물의 성장이 멈추거나 죽을 수도 있다. 응애의 존재 유무를 확인하는 방법은 돋보기로 보거나 하얀 종이 위에 식물의 가지를 구부려 보는 것이다. 만약 먼지 같은 검은색 반점이 종이 위로 떨어져서 움직인다면 그 식물은 응애의 피해를 입고 있는 것이다.

○ 깍지벌레

깍지벌레의 껍질은 부드러운 가루가 뒤덮여 있어서 마치 목화 조각처럼 보인다. 식물의 수액을 빠는 해충이므로 식물의 성장을 저해시키거나 뒤틀리게 만든다. 깍지벌레는 끈끈한 물질을 분비하는데, 이 물질은 식물의 잎, 가지, 열매 등의 표면에 그을음 같은 것이 발생하게 하는 그을음병균의 성장을 촉진시킨다.

○ 개각충

개각충은 부드럽거나 딱딱하고, 붉은 회색 혹은 갈색이다. 몸의 형태는 둥글거나 타원형이다. 천천히 움직이는 개각충의 모습은 작은 거북이를 닮았다. 개각충도 끈적거리는 물질을 분비하여 그을음병균이 자라도록 돕는다.

○ 진딧물

진딧물은 작고, 부드러운 몸을 가진 해충이다. 식물의 싹, 줄기, 혹은 새로 자라는 부위에 떼를 지어 주렁주렁 매달려 있다. 진딧물은 깍지벌레나 개각충처럼 끈끈하고 달달한 감로(honeydew)를 분비한다. 진딧물이 있으면 잎이나 꽃이 말리거나 뒤틀린다.

병해충 치료법

우선 실내로 식물을 들여오기 전에 주의 깊게 살핀다. 그러고 나서 식물에게 필요한 환경적 요건을 충족시켜 주어 식물이 스트레스를 덜 받게 해야 한다. 건강한 식물은 병해충의 공격에 강하기 때문이다.

병해충에 대하여 처방을 해야 할 때는 무독성이거나 독성이 약한 살충제를 사용하는 것이 더 효과적일 수 있다. 이런 종류의 살충제로는 식물에서 추출한 살충 성분이 든 비누, 알코올 소독약, 집에서 만든 살충용액 등이 있다.

천연 제충국(除蟲菊) 살충제는 국화의 두상화에서 추출된 것으로 비교적 안전하나, 최근에 개발된 합성 제충국은 사용하지 않는 편이 좋다. 0.2%의 중성세제 용액으로 식물의 잎을 씻어주면 어느 정도 효과를 볼 수 있다.

또한 소독약을 적신 면봉을 사용하면 응애, 깍지벌레, 개각충, 진딧물을 효과적으로 제거할 수 있다.

또 다른 방법으로는 무독성 스프레이를 만들어 사용해 보자. 이것은 누구나 쉽게 만들 수 있다. 아래 재료들을 분무기에 넣고 세게 흔든 후에 식물의 잎에 분사하면 된다.

- 식물성 기름 2티스푼(10mL)
- 주방세제 ⅛티스푼(0.6mL)
- 따뜻한 물 230mL

집이나 사무실에서 어떤 식물을 키울 것인가를 선택할 때는 먼저 그 식물에게 어떤 관리 방법이 필요한지, 어떤 병해충과 문제점이 생길 수 있는지에 대해 알아 둘 필요가 있다.

다음 장에서는 식물을 선택하고 키우는 데 도움이 되도록 공기정화식물의 특성을 하나하나 설명하려고 한다.

5장

/

미세먼지 잡는 공기정화식물

이 장에서는 생태학적인 효용성이 검증된 실내식물들을 상세하게 설명한다. 이 식물들을 휘발성 화학물질 제거력, 재배 및 관리의 용이성, 병해충에 대한 저항력, 증산율의 네 가지 기준으로 평가하였다. 그리고 각각의 식물이 네 가지 개별 평가 항목에서 받은 점수를 근거로 다시 그 식물의 종합평가 점수를 산출하였다. 이 종합평가 점수가 높은 식물부터 순위대로 소개하였고, 종합평가 점수가 같은 식물들의 경우에는 공기 중의 휘발성 화학물질을 제거하는 능력이 높은 것을 우선순위로 정하였다.

아레카야자

Chrysalidocarpus lutescens

영명	Areca palm
분류	야자과
원산지	마다가스카르
빛	반양지
온도	18~24℃
병해충	실내가 너무 건조하면 응애가 생길 수도 있으며 잎 끝이 갈색으로 변한다.
관리	화분 안의 용토가 촉촉하도록 유지한다. 겨울철을 제외하고는 정기적으로 희석하지 않은 비료를 준다. 정기적으로 물을 분무해주면 생육이 좋고 윤기 있는 잎을 유지할 수 있으며 해충 발생 억제에 도움이 된다.
용토	일반 화분에 키울 경우에는 질 좋은 적옥토를 기본으로 한 배합토를 사용한다. 증산율이 높기 때문에 수경재배나 지하관수로도 키울 수 있다. 수경재배나 지하관수를 하면 물 주는 횟수를 줄일 수 있다.

종합평가	8.5점
휘발성 화학물질 제거력	★★★★★★★★
재배 및 관리의 용이성	★★★★★★★★
병해충에 대한 저항력	★★★★★★★★
증산율	★★★★★★★★★★

'황야자' 또는 '나비야자'라고도 알려져 있는 아레카야자는 가장 인기 있고 기품 있는 관엽식물이다.

이 식물은 실내환경에 대한 적응력이 매우 높다. 엄청나게 많은 양의 수분을 공기 속에 내뿜고, 공기 속에 있는 화학적인 독소를 없앤다. 또한 잎의 곡선과 직선이 매우 조화롭고 아름다워서 관상용으로도 좋다. 실내에서 기르는 식물로는 더할 나위가 없는 셈이다.

아레카야자는 야자류 중에서 비교적 생육이 빠른 편이며, 회초리 다발처럼 보이는 줄기들과 그 줄기들에서 뻗어나간 깃털 같은 황록색 잎들이 아주 인상적이다.

이러한 여러 가지 우수성 때문에 가정이나 사무실, 상업적인 장소에서 많이 키우고 있다. 아레카야자 화분에 키가 작은 에피프레넘이나 아이비 등을 함께 심으면 훨씬 더 아름다움을 자아낼 수 있다.

가정에서 1.8m 크기의 아레카야자는 하루 동안 약 1L의 수분을 증산작용으로 방출한다. 또한 일부 가지에만 염분을 축적하는 독특한 성질을 가지고 있는데 축적된 염분이 포화상태에 이르면 그 가지가 말라죽게 되므로 이때는 빨리 가지를 잘라주도록 한다.

아레카야자는 실험에 이용된 모든 유해성 물질 제거 및 모든 평가항목에 대해 최고 높은 점수를 얻어 가장 '친환경적인' 실내공기정화식물로 선정되었다.

관음죽

Rhapis excelsa

영명 Lady palm

분류 야자과

원산지 중국 남부

빛 반양지

온도 16~21℃(겨울철에도 10℃ 이하로 내려가지 않게 관리)

병해충 일반적으로 병이나 해충이 없으나 매우 드물게 응애가 생기기도 한다. 너무 건조하게 관리하면 잎이 마르거나 갈변한다.

관리 봄과 여름에는 물을 넉넉하게 주며, 겨울철 따뜻하고 건조한 실내환경에서는 더 자주 물을 주어야 한다. 한 달에 한 번씩 묽은 액체비료를 준다.

용토 토양재배, 수경재배, 지하관수 모두 가능하다.

종합평가	8.5점
휘발성 화학물질 제거력	★★★★★★★
재배 및 관리의 용이성	★★★★★★★★★
병해충에 대한 저항력	★★★★★★★★★★
증산율	★★★★★★★★

키가 큰 편인 이 식물은 4~10개 정도의 두껍고 윤기 나는 잎들이 15~ 30cm 되는 부채꼴 모양을 형성하며 모여 있다.

이 잎들은 아치처럼 휘어지는 가느다란 가지 끝에 매달려서 갈색의 털투성이 중심 줄기로 연결된다.

관음죽은 자라는 속도가 느려서 관리가 편하다. 또한 해충이나 병에 거의 걸리지 않고 잘 자라기 때문에 가정에서 기르기 가장 쉬운 식물 중의 하나이다. 뿐만 아니라 실내공기의 질을 개선하는 효과가 아주 뛰어나다.

미국에서는 관음죽의 인기가 매우 높아서 전문적으로 관음죽만 재배하는 원예업자들도 있다.

관음죽을 지하관수나 수경재배로 기르는 경우에는 수돗물 속의 염분이나 무기 양분이 잎 끝에 축적되어 갈색으로 변하는 경우가 있다. 이런 현상이 나타날 때에는 갈색으로 변한 부분만 가위로 잘라내면 된다. 그러면 염분도 제거할 수 있고 특유의 톱니모양 녹색 잎을 유지시킬 수 있다.

대나무야자

Chamaedorea seifrizii

영명	Bamboo palm
분류	야자과
원산지	멕시코
빛	반양지
온도	16~24℃(겨울철에도 10℃ 이하로 내려가지 않게 관리)
병해충	공기가 너무 건조하면 응애, 개각충이 생길 수 있다.
관리	생장기에는 물을 충분히 준다. 일반 화분에서 기를 경우 겨울에는 뿌리 근처가 촉촉할 정도로 물을 준다. 주기적으로 잎을 씻어주면 응애 예방에 도움이 된다. 줄기 끝이나 새로 나오는 잎을 잘라내면 생장을 저해할 우려가 있으므로 주의한다.
용토	일반 화분 용토에 물 빠짐을 좋게 하기 위해 모래를 약간 섞어 넣는다. 증산을 많이 하기 때문에 수경재배나 지하관수법으로 기르면 물 주는 횟수를 줄일 수 있어 관리하기 쉽다.

종합평가	8.4점
휘발성 화학물질 제거력	★★★★★★★★★
재배 및 관리의 용이성	★★★★★★★★
병해충에 대한 저항력	★★★★★★★★
증산율	★★★★★★★★★

야자과에 속하는 대부분의 식물들은 관리하기가 쉬워서 꾸준한 인기를 누리고 있다. 대나무야자도 예외가 아니라서 오랫동안 가정과 사무실, 상업적인 장소에서 사랑받고 있다.

대나무야자는 대나무 모양의 가늘고 호리호리한 줄기들이 모여서 하나의 다발 형태를 이루며, 키가 1.8m까지 자라기도 한다. 마치 부채처럼 보이는 우아한 잎들과 선명한 녹색은 이 식물의 전체적인 외모를 화려하게 만든다.

대나무야자는 '세이프리지'라고 부르기도 하는데 해충에 대한 저항력이 매우 강하다. 그런 이유 때문에 실내 조경 디자이너들은 종종 아레카야자를 제쳐두고 대나무야자를 선택한다. 이 식물은 어떤 공간에 배치하더라도 평화롭고 이색적인 열대 분위기를 연출할 수 있다.

공기정화 기능이라는 측면에서 평가할 때 대나무야자는 아주 높은 점수를 받는다. 무엇보다 증산율이 매우 높다. 실내공기를 쾌적하게 만들기에 충분한 양의 수분을 뿜어내기 때문에 특히 겨울철 난방으로 인해 건조해진 실내의 습도를 높이는 데 매우 효과적인 식물이다. 또한 벤젠, 트리클로로에틸렌, 포름알데히드의 제거율에 있어서 상위에 올라있다.

인도고무나무

Ficus robusta

영명	Rubber plant
분류	뽕나뭇과
원산지	인도, 말레이시아
빛	반양지에서 반음지
온도	16~27℃(단기간 동안은 5℃까지도 견딜 수 있다)
병해충	건조하거나 중앙난방이 되는 곳에서는 개각충, 응애, 총채벌레 등이 생길 수 있다.
관리	비료는 여름에만 규칙적으로 준다. 물은 여름 중순부터 가을까지 주되, 토양이 약간 마를 정도로 적게 주고 잎에 물이 닿지 않도록 한다. 물을 너무 많이 주면 약해질 우려가 있으므로 부족한 듯 주는 것이 좋다.
용토	토양재배나 수경재배 모두 잘 자란다.

종합평가	8.0점
휘발성 화학물질 제거력	★★★★★★★★★
재배 및 관리의 용이성	★★★★★★★★★
병해충에 대한 저항력	★★★★★★★★
증산율	★★★★★★★

과거 '피쿠스 엘라스티카(Ficus elastica)'라는 이름으로 불렸던 인도고무나무는 빅토리아 시대부터 오늘날에 이르기까지 영국에서 가장 인기 있는 실내식물이다.

빛이 부족하거나 온도가 낮은 실내환경에서도 다른 식물들보다 훨씬 잘 견디며 관리하기도 쉽다는 장점을 가지고 있다.

인도고무나무는 포름알데히드 제거 능력이 탁월하다. 모든 평가 항목에서 높은 점수를 받기 때문에 종합평가에 있어서도 그 점수가 우수하다.

'고무나무'라는 이름은 고무와 유사한 물질인 라텍스를 함유하고 있는 두껍고, 가죽처럼 느껴지는 짙은 녹색의 잎에서 유래되었다. 그리고 적정한 조건의 환경에서는 키가 2.5m까지 자란다.

인도고무나무는 지금까지 실험한 많은 피쿠스(Ficus)속 식물들 가운데 실내의 화학적 독소를 제거하는 능력이 가장 뛰어났다. 또한 키우기가 쉽고 식물 외관의 관상 가치가 높아서 특히 건축가들과 실내 조경 디자이너들이 선호하고 있다. 더욱이 유해물질 제거 능력까지 높아서 앞으로도 계속 인기가 보장되는 실내식물이다.

드라세나 자넷 크레이그

Dracaena deremensis "Janet Craig"

영명 Dracaena "Janet Craig"

분류 용설란과

원산지 카나리아제도, 아프리카, 아시아, 마다가스카르

빛 반음지(빛이 매우 부족한 환경에서도 살 수 있으나 자라는 속도가 느려진다)

온도 16~24℃(10℃ 이하의 저온에서도 견디지만 잎이 노랗게 변한다)

병해충 일반적으로 병해충에 강하지만 공기가 너무 건조하면 응애, 개각충, 깍지벌레가 생길 수 있다.

관리 토양은 전체적으로 촉촉한 상태를 유지하고, 뿌리가 마르지 않도록 한다. 봄, 여름에는 2주에 한 번씩 액체비료를 준다. 가을, 겨울에는 물 주는 횟수를 줄이고 비료를 주지 않는다. 잎은 가끔씩 분무를 해주거나 젖은 천으로 닦아준다. 판매되고 있는 잎 광택제는 사용하지 않는 게 좋다.

용토 일반적으로 판매되고 있는 화분용 배합토를 사용한다. 2년에 한 번씩 분갈이를 한다. 수경재배로도 잘 자란다.

종합평가	7.8점
휘발성 화학물질 제거력	★★★★★★★★
재배 및 관리의 용이성	★★★★★★★★★
병해충에 대한 저항력	★★★★★★★★
증산율	★★★★★★★

짙은 녹색의 잎이 가장 매력적인 '자넷 크레이그'는 드라세나의 한 품종이다. 이 식물은 실내의 휘발성 유해물질 중 트리클로로에틸렌을 가장 잘 제거한다.

서로 방사상으로 겹쳐져 있는 넓고 긴 잎들은 줄기에 밀집해서 붙어 있어 마치 부케 다발처럼 보인다. 키는 3m까지 자라지만 일정한 높이에서 줄기를 자르면 원하는 크기로 기를 수 있다.

자넷 크레이그의 왜성종(矮性種)은 30~90cm까지만 자라는 키가 작은 품종으로, 성장 속도가 매우 빠른 일반 품종에 비하여 성장이 다소 느린 편이다. 그래서 키가 큰 다른 품종에 비하여 손길이 덜 가도 되는 관리상의 이점이 있다.

자넷 크레이그는 다소 무관심하게 기르거나 빛이 희미하게 드는 장소에서 길러도 잘 견디는 편이다. 적절히 관리만 해주면 몇 십 년도 살 수 있다.

현대적인 인테리어를 한 장소에 잘 어울리며 가정이나 사무실 등에서 인기가 높은 이 식물은 여러 품종의 드라세나 가운데서 실내공기 중의 유해성 화학물질을 제거하는 능력이 가장 뛰어나다. 모든 평가 항목에서도 좋은 점수를 받고 있다.

아이비(헤데라)

Hedera helix

영명 English ivy

분류 두릅나뭇과

원산지 아시아, 유럽, 북아프리카

빛 반양지에서 반음지

온도 낮 16~21℃, 밤 10~16℃

병해충 너무 덥고 건조하면 응애, 개각충이 생긴다.

관리 봄과 여름에는 실내와 비슷한 온도로 물을 자주 주고, 가을과 겨울에는 표면의 흙이 약간 건조할 때 물을 준다. 성장하는 시기에는 정기적으로 농도가 묽은 비료로 양분을 공급해준다. 건조한 겨울철에는 분무기로 물을 자주 분사해주는 것이 좋다.

용토 시판되는 모든 화분 용토에서 잘 자라며, 수경재배도 토양재배만큼 잘 자란다.

종합평가	7.8점
휘발성 화학물질 제거력	★★★★★★★★★
재배 및 관리의 용이성	★★★★★★★★
병해충에 대한 저항력	★★★★★★★★
증산율	★★★★★★★

아이비는 '헤데라'라고 부르기도 하며, 공공건물의 아트리움이나 로비의 지표면을 덮는 피복식물로 많이 사용된다.

걸이용 화분으로 기르기에도 적당한 이 식물은 잎과 가지를 자르고 다듬어서 여러 가지 독특한 형태의 장식수로 이용되기도 한다.

아이비는 셀 수 없을 정도로 많은 품종이 개발되어 잎 모양과 색깔이 다양하고, 기르기가 쉬우며, 실내의 다양한 환경에도 잘 적응한다. 그러나 대체로 높은 기온에는 약하다.

아이비의 잎은 대부분 그 끝이 3~5개로 갈라져 있으며, 색깔은 품종에 따라 다양하다. 잎에 얼룩무늬가 있는 아이비의 경우 빛이 부족하면 색이 탈색될 수 있으므로 빛을 충분히 쬐도록 해주어야 한다.

아이비는 덩굴성 식물이라서 매우 빨리 자라며 공중뿌리가 뻗어 나와 이를 이용해 벽 따위의 표면이나 철사 등을 잘 타고 오르는 특성이 있다. 그러므로 봄이나 여름에는 일정기간 동안 밖에 내놓는 것이 좋다.

종합적인 평가 점수가 상당히 높은 편인 아이비는 실내 유해물질 가운데 포름알데히드 제거 능력이 우수하다.

피닉스야자

Phoenix roebelenii

영명 Dwarf date palm

분류 야자과

원산지 아프리카와 아시아의 열대 및 아열대 지역

빛 반양지

온도 16~24℃(겨울철에도 10℃ 이하로 내려가지 않게 관리)

병해충 공기가 건조하면 응애가 발생한다. 물을 너무 많이 주거나 경수를 사용하면 잎이 갈색으로 변한다.

관리 뿌리 부근의 토양은 항상 촉촉한 상태로 유지하는 것이 좋으며, 겨울에는 표면의 흙이 약간 마를 때 물을 주도록 한다. 잎은 자주 분무를 해주는 것이 좋다. 비료는 일반적으로는 1주일 그리고 겨울에는 2주일 간격으로 주면 된다.

용토 일반적인 실내화분용 배합토에서 잘 자라며, 수경재배나 지하관수법으로 키워도 좋다.

종합평가	7.8점
휘발성 화학물질 제거력	★★★★★★★★★
재배 및 관리의 용이성	★★★★★★★
병해충에 대한 저항력	★★★★★★★★
증산율	★★★★★★★

'왜성 대추야자'라고도 부르는 이 야자나무는 최대 1.5~2m 높이까지 자라지만 성장 속도는 다소 느리다. 부채형의 우아한 녹색 잎이 우람한 줄기로부터 활처럼 휘어져 뻗어 나온 모습이 아름답고 단아하게 보인다.

잎은 길이가 약 90cm까지 자라는데, 거의 수평에 가깝게 휘어지면서 자란다. 따라서 충분히 넓은 공간에서 키워야 모양새가 제대로 난다. 다른 나무와 섞이지 않은 채 넓은 공간에 단독으로 배치하는 게 가장 보기 좋으며, 특히 스포트라이트를 주면 더욱 인상적인 면을 연출할 수 있다.

원래 열대우림에서 자생하는 식물로, 울창한 숲 아래에서 자랐기 때문에 빛이 잘 안 드는 곳이나 온도가 중앙난방으로 조절되는 가정과 사무실에서도 잘 적응한다. 적정한 환경이 주어지면 실내에서도 수십 년은 키울 수 있다.

피닉스야자는 다른 야자나무와 마찬가지로 실내식물로서 높은 점수를 받는다. 무엇보다도 실내공기 중에 함유된 오염물질 제거에 발군의 실력을 보여주는데, 그중에서도 크실렌을 제거하는 능력이 가장 우수하다.

피쿠스 아리

Ficus macleilandii "Alii"

영명 Ficus alii

분류 뽕나뭇과

원산지 태국

빛 양지 또는 반양지

온도 낮 16~24℃, 밤 13~20℃(외풍이 있는 곳은 피한다)

병해충 매우 드물게 개각충, 깍지벌레 등이 생긴다.

관리 일반 화분에서 기를 때는 물을 충분히 주어야 하며, 표면의 흙이 약간 마를 때 물을 준다. 물을 지나치게 많이 주면 잎이 노랗게 변한다. 햇빛이 잘 드는 방이나 남향의 창가에서 키울 경우에는 한 달에 한 번 정도 비료를 주고, 이보다 더 어두운 곳에서 키울 경우에는 비료 주는 횟수를 더 줄인다.

용토 토양에서 기를 때는 물을 너무 많이 주지 않도록 주의한다. 수경재배나 지하관수법으로 기르면 관리하기 쉽다.

종합평가	7.7점
휘발성 화학물질 제거력	★★★★★★★
재배 및 관리의 용이성	★★★★★★★
병해충에 대한 저항력	★★★★★★★★★
증산율	★★★★★★★★

피쿠스 아리는 최근 빠르게 인기가 상승하고 있는 새로운 피쿠스속 품종이다. 가냘픈 짙은 녹색의 잎이 더할 수 없이 매력적인 이 식물은 일본의 식물수집가인 모리와키 마스오가 태국으로부터 미국 하와이로 처음 수입해 들여왔다.

그 후 1980년대 초에 미국 플로리다 남부지역에 도입되었고, 1980년대 중반부터 시판되기 시작했다.

피쿠스 아리는 벤자민고무나무보다 키우기가 쉬워서 실내 조경업자뿐만 아니라 일반인들에게도 인기가 상당히 높다. 이 식물은 생김새에 따라서 한 화분에 한 그루를 심은 일반적인 나무 형태, 한 화분에 다발로 심어서 여러 개의 줄기가 뻗어 나오는 관목 형태, 두세 개의 줄기가 서로 꼬여 자라는 노끈 형태의 3가지 종류가 있다.

피쿠스속의 대부분의 식물처럼 피쿠스 아리도 구입 후 실내로 옮겼을 때 새로운 환경에 적응하는 동안 일부 잎이 떨어질 수 있다. 그러나 큰 나무답게 볼륨감이 있고, 공기정화 능력이 우수하며, 잘 자라고, 병해충에도 강하기 때문에 가정이나 사무실에서 키우는 데 있어 더할 나위 없이 좋은 실내식물이다.

보스턴고사리

Nephrolepis exaltata "Bostoniensis"

영명 Boston fern

분류 고사릿과

원산지 전 세계의 열대지역

빛 반양지

온도 낮 18~24℃, 밤 10~18℃

병해충 드물게 개각충, 응애, 진딧물이 생긴다.

관리 새잎이 나올 때에는 1주일에 한 번씩 낮은 농도의 액체비료를 주고 겨울에는 월 1회 정도로 준다. 물은 용토가 촉촉한 상태를 유지할 정도로 주며, 표면의 흙이 마르기 전에 준다. 고사리류는 잎에 분무해주는 것을 좋아한다. 특히 실내가 고온 건조할 때는 자주 분무해줘야 한다.

용토 흙이 섞이지 않은 화분용 배합토에서 가장 잘 자라지만, 물을 자주 주어야 하는 번거로움이 있다. 특히 부식질이 풍부한 화분용 배합토에서 잘 자라고, 뿌리가 꽉 찰 정도로 크기가 딱 맞는 화분을 좋아한다. 수경재배 방법으로 기르면 물 주는 횟수를 줄일 수 있다.

종합평가	7.5점
휘발성 화학물질 제거력	★★★★★★★★★
재배 및 관리의 용이성	★★★★
병해충에 대한 저항력	★★★★★★★★
증산율	★★★★★★★★★

고사리류는 식물의 역사상 가장 오래된 것 중 하나이다. 지금까지 많은 고사리들의 형체가 화석에서 발견되었는데 존재했던 시기가 선사시대 이전으로 거슬러

올라가기도 한다.

풍성하고 싱그러운 잎이 매력적인 보스턴고사리는 영국 빅토리아 시대부터 실내에 도입되어 사랑을 받아왔으며, 오늘날에도 여전히 인기가 높다. 딱딱하고 질긴 줄기가 있는 보스턴고사리의 잎은 어릴 때에는 아치형으로 뻗어 있다가 노화되면서 허리가 구부러지듯 점점 아래쪽으로 휘어진다. 꽃을 피우는 식물이 아니라 잎의 아름다움을 즐기는 것이 목적인 식물이기 때문에, 걸이용 화분이나 다리가 있는 받침대 위에 올려놓는 등 약간 높은 위치에 배치하면 한결 더 돋보인다.

보스턴고사리는 실내에서 기를 경우 세심하게 주의를 기울여야 한다. 건조한 것을 싫어하기 때문에 자주 분무해주고 물을 충분히 주어야 잎이 갈색으로 변하거나 떨어지는 것을 막을 수 있다. 실내 공기 오염물질을 제거하는 능력이 뛰어나며 특히 포름알데히드를 가장 잘 제거한다. 또한 실내습도를 높이는 데 가장 효과적인 실내식물이다.

스파티필럼

Spathiphyllum sp.

영명	Peace lily
분류	천남성과
원산지	콜롬비아, 베네수엘라
빛	반양지에서 반음지
온도	낮 16~24℃, 밤 13~20℃
병해충	공기가 너무 건조하면 개각충, 응애, 깍지벌레 등이 발생하기 쉽다.
관리	봄에서 가을까지는 주기적으로 비료를 주고 겨울에는 비료 주는 횟수를 줄인다. 생육이 이루어지는 시기에는 토양이 촉촉하도록 물을 주고 겨울에는 물을 약간 적게 준다. 잎을 가끔 씻어주면 해충이 생기는 것을 예방할 수 있다.
용토	어떤 용토에서나 잘 자라지만 수경재배 방법이 가장 이상적이다.

종합평가	7.5점
휘발성 화학물질 제거력	★★★★★★★★
재배 및 관리의 용이성	★★★★★★★
병해충에 대한 저항력	★★★★★★★
증산율	★★★★★★★★

흰색의 불염포(육수꽃차례를 둘러싸는 포가 변형된 큰 꽃턱잎. 흔히 우리가 꽃이라고 생각하는 것-역주)가 아름다운 스파티필럼은 다양한 실내식물들을 함께 키울 때 꼭 빠지지 않고 포함된다. 이 식물은 높은 증산율을 가지고 있으므로 저수조가 큰 수경재배 화분에서 키우면 아주 좋다.

가장 인기 있는 스파티필럼 개량종으로는 키가 60cm 정도 자라는 클리브렌디

(Clevelandii)와 90cm 정도 자라는 마우나 로아(Mauna Loa)가 있다.

위로 곧게 뻗은 줄기에서 순백색의 불염포가 자라면서 펼쳐지면 그 안에 돌기처럼 생긴 진짜 꽃이 있다. 꽃가루가 날리는 것이 문제될 경우에는 이 꽃을 잘라 버리면 된다. 꽃이 제거되더라도 불염포가 손상되지 않아 여러 주에 걸쳐 감상할 수 있다.

스파티필럼은 최고의 실내식물로 꼽을 만한 특성을 모두 지니고 있다. 열대지방의 분위기를 자아내는 윤기 있고 싱싱한 녹색 잎이 아름다울 뿐만 아니라 실내에서 꽃을 피우는 몇 안 되는 관엽식물이기에 인기가 높다. 또한 알코올, 아세톤, 트리클로로에틸렌, 벤젠, 포름알데히드 등 다양한 공기 오염물질 제거 능력이 뛰어나다.

이처럼 스파티필럼은 관상 가치가 높고, 실내의 오염물질을 제거하는 능력이 탁월하며, 모든 평가 항목에서 높은 점수를 받아 우수한 실내식물로 인정받고 있다.

행운목(드라세나 맛상게아나)

Dracaena fragrans "Massangeana"

영명 Corn plant

분류 용설란과

원산지 에티오피아, 기니, 나이지리아

빛 반음지

온도 16~24℃(단기간 동안은 10℃ 정도의 저온에서도 견딘다)

병해충 대체로 해충이 없지만 난방 등으로 실내가 건조해지면 깍지벌레나 응애가 생길 수 있다.

관리 토양은 촉촉한 상태로 유지한다. 봄에서 가을까지 주기적으로 액체 비료를 주고, 겨울에는 물 주는 횟수를 줄이고 비료는 주지 않는다. 자주 분무를 해주고, 젖은 천으로 잎을 닦아준다.

용토 일반적인 배합토에서 잘 자라지만, 수경재배를 하면 물 주는 횟수와 분갈이 횟수를 줄일 수 있다.

종합평가	7.5점
휘발성 화학물질 제거력	★★★★★★★★
재배 및 관리의 용이성	★★★★★★★
병해충에 대한 저항력	★★★★★★★★
증산율	★★★★★★★

'행운목'이라는 이름으로 더 잘 알려져 있는 드라세나의 한 품종인 맛상게아나는 모든 평가 항목에서 평균 이상의 점수를 받은 우수한 실내식물이다. 특히 포름알데히드와 같은 유독물질 제거 능력이 뛰어나다.

햇빛을 좋아하기는 하지만 실내의 어두운 빛에서도 잘 자라고, 현대적인 인테리어와 아주 잘 어울린다.

'corn plant'라는 영어 이름처럼 이 식물은 잎의 모양이 옥수수 잎과 닮았다. 그리고 성장하면서 줄기는 목질화되어 나무처럼 딱딱해지고, 잎은 줄기의 끝부분에서 집중적으로 자란다. 때때로 가느다란 가지에 향기로운 백색 꽃들이 피기도 한다.

행운목은 알록달록한 무늬가 있는 품종으로 드라세나 중에서 가장 많이 재배된다. 우리가 꽃가게에서 보게 되는 드라세나는 대체로 이 품종이며, 잎 중앙에 넓고 노란 세로 줄무늬가 있어 다른 품종과 쉽게 구분된다.

실내에서 기를 경우 3m까지 자랄 수 있는데, 줄기 윗부분을 20cm 정도 잘라주면 새로운 싹이 나와 자라게 되고, 노화된 나무의 경우에는 원기 회복에 도움이 된다. 잎 끝이 갈색으로 변하면 관리 상태와 환경을 점검해보고, 잎 끝부분은 가위로 다듬어 원래의 잎 모양을 유지시켜 준다.

에피프레넘(골든 포토스)

Epipremnum aureum

영명	Golden pothos
분류	천남성과
원산지	솔로몬제도
빛	반음지에서 음지
온도	18~24℃(겨울철에도 10℃ 이상 유지)
병해충	드물게 진딧물, 깍지벌레가 생긴다.
관리	토양이 약간 마르면 물을 준다. 생육기(3~8월)에는 1주일에 한 번씩 비료를 준다. 줄기 끝을 따주면 길이 생장이 지연되는 대신 잎이 많이 나와 외관상으로 더욱 풍성해진다. 잎은 젖은 천으로 닦아주며 관리하면 좋다.
용토	어떤 용토에서나 잘 자라지만 수경재배를 하면 분갈이를 할 필요가 없다.
주의	수액이 인체의 피부나 점막을 자극할 수 있다.

종합평가	7.5점
휘발성 화학물질 제거력	★★★★★
재배 및 관리의 용이성	★★★★★★★★★★
병해충에 대한 저항력	★★★★★★★★
증산율	★★★★★★★

'골든 포토스'라 부르기도 하는 에피프레넘은 하트 모양의 녹색 잎에 황금색 또는 크림색 무늬가 들어간 덩굴성 식물이다. 종종 필로덴드론 스킨답서스(*Philodendron scindapsus*)와 혼동되어 불리거나 판매되기도 하는데, 이 두 식물은 근

연종(近緣種)이기는 하지만 서로 다르다.

에피프레넘은 걸이용 화분으로 많이 이용되고 있으며, 벽이나 기둥을 타고 오르는 형태로 기르기도 한다. 가지를 잘라 물에 담가두면 뿌리가 자라는데, 이것을 일반 배합토에 심거나 꺾꽂이(삽목)하면 쉽게 새로운 개체를 번식시킬 수 있다.

자라는 속도가 빠른 편인 에피프레넘은 실내식물 가운데 가장 기르기 쉽다. 다소 관리가 소홀해도 잘 자라며 병해충에 대한 저항력도 매우 강하다. 가정이나 사무실 등 어떤 실내조건에서도 잘 자라는 환경적응력이 매우 높은 식물이다. 무늬가 들어간 실내식물은 대부분 빛이 부족하면 무늬가 적어지지만 에피프레넘은 어두운 곳에서 길러도 무늬가 잘 사라지지 않는다.

에피프레넘은 상업적인 장소에서 다양한 용도로 활용되고 있다. 대형 화분의 토양 부분을 덮거나 큰 나무의 밑동 부분을 장식하는 데 이용되기도 하고, 발코니나 아트리움의 벽면을 덮으며 뻗어 내리는 형태로 이용되기도 한다.

네프롤레피스 오블리테라타

Nephrolepis obliterata

영명 Kimberley queen

분류 고사릿과

원산지 열대지방

빛 반양지에서 반음지

온도 낮 18~24℃, 밤 10~18℃

병해충 드물게 개각충, 응애, 진딧물이 생길 수 있다.

관리 새잎이 나오는 동안에는 희석한 액체비료를 준다. 토양은 물기가 너무 많거나 마르지 않고 촉촉한 상태로 유지해준다. 실내공기가 건조할 때는 특히 겨울철 난방을 할 때는 자주 분무해주고, 오래되거나 변색한 잎은 제거해준다.

용토 일반 화분에 기를 경우 부식질이 풍부한 배합토를 쓰는 것이 좋으며, 화분은 식물에 비해 약간 작은 것을 사용한다. 수경재배나 지하관수법은 물 주는 횟수를 줄일 수 있다.

종합평가	7.4점
휘발성 화학물질 제거력	★★★★★★★★★
재배 및 관리의 용이성	★★★★
병해충에 대한 저항력	★★★★★★★★
증산율	★★★★★★★★★

네프롤레피스 오블리테라타는 보스턴고사리와 같은 네프롤레피스속이지만 보스턴고사리만큼은 잘 알려져 있지 않다.

그러나 보급이 확대되면 보스턴고사리를 능가하는 인기를 누리게 될 것이다.

이 식물은 수분이 부족해도 잘 견디기 때문에 보스턴고사리보다 건조한 실내환경에 더 적합하다. 또 실내 유해물질을 제거하는 능력에 있어서도 보스턴고사리에 뒤지지 않는다.

일반적으로 고사리류는 평화롭고 평온한 느낌을 자아낸다. 싱그러운 녹색 잎은 한겨울의 삭막함 속에서도 봄을 느끼게 한다. 또한 우아한 아치를 그리면서 늘어지는 잎이 그 매력을 더해준다. 네프롤레피스 오블리테라타는 다른 고사리류에 비해 건조에 강하고 잎도 많이 떨어지지 않지만, 규칙적으로 물을 주고 자주 분무해줄 필요가 있다.

이 식물은 해로운 공기 오염원을 제거하는데 정말로 탁월한 효과를 발휘한다. 그 중에서도 포름알데히드와 알코올을 가장 잘 제거한다. 또한 증산율이 매우 높아서 '천연 가습기'로서의 역할을 충분히 하는 실내식물이다.

포트멈(분화국화)

Chrysanthemum morifolium

영명	Florist's mum
분류	국화과
원산지	중국, 일본
빛	양지, 반양지(밝은 빛을 필요로 하나, 햇빛이 강한 한낮에는 차광을 해주어야 꽃이 성숙하기도 전에 노화되는 것을 막을 수 있다)
온도	낮 16~18℃, 밤 7~10℃
병해충	너무 덥거나 건조하면 진딧물, 응애가 생기기 쉽다.
관리	생육기 동안에는 뿌리가 약간 축축할 정도로 충분히 물을 준다. 일주일 간격으로 비료를 준다.
용토	시중에 나와 있는 부식질이 많이 함유된 일반 화분용 배합토를 쓰면 된다.

종합평가	7.4점
휘발성 화학물질 제거력	★★★★★★★★★
재배 및 관리의 용이성	★★★★
병해충에 대한 저항력	★★★★★★★★
증산율	★★★★★★★★

화려한 색채의 꽃이 피는 포트멈은 실내에 두면 화사하고 밝은 분위기를 연출할 수 있다.

꽃 색깔이 다양하고 선명하여 사무실을 비롯해 쇼핑몰 또는 다른 상업적인 장소 등에서 장식용으로 많이 사용된다.

일반적으로 포트멈은 단지 꽃이 피는 기간에만 실내식물로서 취급하여 실내에

둔다. 그래서 원예업자들은 분재용 약품 처리를 하기도 하고, 주·야간 사이클을 조절하기도 하는 등 여러 가지 재배 기술을 사용하여 개화시기를 자유롭게 설정할 수 있게 되었다.

이러한 노력으로 인해 키는 작고 꽃은 크게 한 왜성종 포트멈을 가을뿐만 아니라 일 년 내내 접할 수 있게 된 것이다.

서늘하고 빛이 충분한 곳에 두고 물을 자주 주면 6~8주 동안은 계속 꽃을 감상할 수 있다. 이렇게 포트멈은 관상 가치도 높고 실내공기 중의 포름알데히드, 벤젠, 암모니아를 제거하는 능력도 뛰어난 실내식물이다.

거베라

Gerbera jamesonii

영명 Gerbera daisy

분류 국화과

원산지 남아프리카

빛 양지에서 반양지(밝은 빛을 필요로 하나, 햇빛이 강한 한낮에는 차광을 해주어야 꽃이 성숙하기도 전에 노화되는 것을 막을 수 있다)

온도 낮 16~18℃, 밤 7~10℃

병해충 너무 덥거나 건조하면 진딧물과 응애가 생길 수 있다.

관리 토양은 전체적으로 촉촉한 상태를 유지한다. 물을 너무 자주 주면 뿌리가 썩을 우려가 있으므로 주의한다. 생육기에는 정기적으로 비료를 준다.

용토 시중에 나와 있는 부식질이 많이 함유된 일반 화분용 배합토를 쓰면 된다.

종합평가	7.3점
휘발성 화학물질 제거력	★★★★★★★★★
재배 및 관리의 용이성	★★★★
병해충에 대한 저항력	★★★★★★★★
증산율	★★★★★★★★

거베라는 화사하고 선명한 색의 꽃이 핀다. 꽃의 색깔은 자연계에서는 노란색, 빨간색, 오렌지색의 세 가지 색을 띤다.

그러나 다양한 색의 품종들이 개량되어 분홍색, 흰색, 연어살색(주황색 톤의 분홍색-역주), 크림색, 선홍색 등의 꽃을 볼 수 있다.

잎은 진한 녹색으로 크고 두꺼우며 꽃대를 곧고 길게 뻗어 꽃을 피운다.

남아프리카가 원산인 거베라는 18세기 독일의 내과 의사이자 자연주의자였던 트라우고트 게르버(Traugott Gerber)를 기념하여 이름 지어졌다.

정원에서 기르면 여름 내내 꽃을 즐길 수 있으며, 꽃을 꺾어 꽃병에 꽂아 두어도 아주 오래간다. 가을에 실내로 들여와서 빛이 잘 드는 창가에 놓아두면 겨울 동안에도 꽃을 볼 수 있다.

NASA의 실내식물에 대한 연구 초기부터 조사 대상이었던 거베라는 여러 차례에 걸친 실험에서 공기 중의 유해한 화학물질을 제거하는 데 아주 효과적인 실내식물임이 증명되었다.

예쁘고 다양한 색깔의 꽃을 선택할 수 있는 장점이 있는 데다가 증산율도 높고 유독성 가스 제거 능력도 뛰어나서 계절적인 실내식물로서의 가치가 매우 높다.

드라세나 와네키

Dracaena deremensis "Warneckei"

영명 Dracaena "Warneckei"

분류 용설란과

원산지 아프리카 열대지역

빛 반음지

온도 16~24℃(단기간 동안에는 10℃ 정도의 낮은 온도에서도 견딘다)

병해충 온도가 너무 낮거나 습도가 높은 조건에서는 뿌리썩음병이 발생할 우려가 있다. 공기가 너무 건조하면 응애, 개각충, 깍지벌레 등이 생기기 쉽다.

관리 토양은 전체적으로 촉촉한 상태를 유지한다. 물을 너무 많이 주면 잎이 떨어질 수 있으니 주의한다. 봄과 여름에는 2주 간격으로 비료를 주고, 겨울에는 물 주는 횟수를 줄이고 비료는 주지 않는다. 자주 분무해주고 젖은 천이나 스펀지로 잎을 닦아준다. 잎 광택제는 사용하지 않도록 한다.

용토 시판되는 배수성이 좋은 화분용 배합토를 쓰면 잘 자란다. 수경재배를 하면 물 주는 횟수를 줄일 수 있다.

종합평가	7.3점
휘발성 화학물질 제거력	★★★★★★
재배 및 관리의 용이성	★★★★★★★
병해충에 대한 저항력	★★★★★★★★
증산율	★★★★★★★★

드라세나 가운데 '와네키' 품종은 빌딩 내의 일반적인 조건인 건조하고 낮은 광

도에서도 잘 자라기 때문에 실내조경에 자주 사용될 뿐만 아니라 일반 가정에서도 매우 인기가 있다. 특히 벤젠 제거에 효과적이며, 실내식물로서의 평가에서도 전체적으로 높은 점수를 얻는다.

와네키의 잎은 길이 약 60cm, 폭 5cm까지 자라며 녹색 바탕에 하얀색 또는 회색 줄무늬가 특징적이다. 그리고 다른 품종의 드라세나인 자넷 크레이그보다 성장이 느리지만 실내에서 키가 3m까지 자라기도 한다.

너무 키가 크는 것을 원하지 않으면 전정(가지치기)을 하여 성장을 제한할 수 있다. 드라세나 왜성종은 30~90cm 정도의 크기밖에 자라지 않는 작은 품종이지만 실내식물로서의 능력은 와네키와 비슷하다. 만일 잎 끝이 갈색으로 변하면 관리 방법과 생육 환경이 적절한지 점검해 봐야 한다. 변색된 잎 끝은 가위를 이용하여 정상적인 잎 모양으로 잘 다듬어 준다.

드라세나 마지나타

Dracaena marginata

영명 Dragon tree

분류 용설란과

원산지 마다가스카르

빛 반음지

온도 16~24℃(단기간 동안에는 밤 온도가 10℃ 정도 떨어져도 견딘다)

병해충 해충이 거의 안 생기지만 난방 등으로 실내가 너무 건조하면 응애가 생길 수 있다.

관리 토양은 항상 촉촉한 상태를 유지한다. 봄과 여름에는 정기적으로 액체비료를 주거나, 물을 줄 때 서서히 녹아들어 갈 수 있도록 고체비료를 흙에 묻어준다. 겨울에는 물 주는 횟수를 줄이고 비료는 주지 않는다. 오래된 잎은 노랗게 변색되는데 즉시 제거해주는 게 좋다.

용토 일반 화분용 배합토를 사용하면 된다. 수경재배를 해도 잘 자란다.

종합평가	7.0점
휘발성 화학물질 제거력	★★★★★★
재배 및 관리의 용이성	★★★★★★★
병해충에 대한 저항력	★★★★★★★★
증산율	★★★★★★★

드라세나 마지나타는 드라세나류 중에서 가장 키우기 쉽고 많이 알려진 품종이다. 1960년대 초에 처음 실내식물로 재배되기 시작한 이 식물은 실내환경에 잘 견디고 강건해서 건물 로비나 현관, 공공건물의 아트리움 등의 장식에 자주 이용된다.

곧게 뻗은 회색 줄기 끝에 가느다란 잎이 다발형태로 무리지어 자라고 길이 60cm, 폭 1.3cm 정도의 광택 나는 짙은 녹색 잎은 가장자리에 붉은색 띠가 둘러쳐져 있는 것이 특징이다.

1970년대 초에 등장한 재배종인 트라이컬러(Tricolor)는 녹색, 분홍색, 크림색의 세 가지 색 줄무늬가 들어가 있다.

드라세나 마지나타는 겨울철의 건조한 실내환경이나 빛이 잘 안 드는 장소에서도 잘 자라므로 일반적인 가정의 실내에서 초보자가 기르기에 아주 적합하다.

또한 크실렌과 트리클로로에틸렌의 제거 능력이 매우 우수하여 공기청정기로서의 역할도 톡톡히 해낸다.

필로덴드론 에루베스센스

Philodendron erubescens

영명	Red emerald philodendron
분류	천남성과
원산지	남아메리카
빛	반음지에서 음지
온도	16~21℃가 이상적(13℃ 이하 또는 24℃ 이상 되는 곳은 피하는 것이 좋다)
병해충	때때로 진딧물, 개각충, 깍지벌레가 생길 수 있다. 저온 과습한 환경에서는 뿌리썩음병이 발생할 우려가 있다.
관리	생장기에는 토양이 골고루 촉촉하도록 관리하며 너무 질퍽거리지 않도록 주의한다. 겨울에는 물을 적게 준다. 비료는 생장기의 2배로 희석한 낮은 농도의 액체비료를 준다. 분무를 자주 해주고 젖은 천으로 잎을 닦아준다.
용토	토양재배나 수경재배 모두 잘 자란다. 수경재배를 하면 물 주는 횟수를 줄일 수 있다.

종합평가	7.0점
휘발성 화학물질 제거력	★★★★★★
재배 및 관리의 용이성	★★★★★★★★★
병해충에 대한 저항력	★★★★★★★★
증산율	★★★★★

1900년경에 실내식물로 처음 소개된 필로덴드론 에루베스센스는 가장 일반적인 덩굴성 실내식물 중 하나이다. 이 식물의 잎은 폭이 좁고 약간 긴 모양이며 잎맥은 노란색을 띤다.

필로덴드론 에루베스센스는 어린잎이 붉은 와인처럼 선명한 적자색을 띠는 특성을 가지고 있어서 선발된 교배품종이다.

어린줄기와 뿌리를 떼어낸 후 촉촉한 배합토에 꺾꽂이하여 증식시키기도 한다.

대부분의 필로덴드론 품종과 마찬가지로 관리하기가 쉬우며, 온기와 습기를 좋아하여 따뜻하고 습한 곳에 놓아두면 잘 자란다.

덩굴성이기 때문에 지주(지지대)를 세워 줄 필요가 있으며, 철사와 물이끼로 만든 물이끼 기둥과 같은 흡수 소재의 지주가 이상적이다.

필로덴드론 에루베스센스는 모든 필로덴드론 가운데 공기 중의 오염물질을 가장 잘 제거하는 실내식물이다.

싱고니움

Syngonium podophyllum

영명 Syngonium

분류 천남성과

원산지 중앙아메리카

빛 반양지에서 음지

온도 16~24℃

병해충 공기가 너무 건조한 경우에 드물게 개각충, 진딧물, 응애, 깍지벌레 등이 생긴다.

관리 겨울철을 제외하고 두 달에 한 번 정도 정기적으로 액체비료를 준다. 봄부터 가을까지는 토양이 전체적으로 촉촉한 상태를 유지하도록 관리한다. 겨울에는 토양 표면이 건조해졌을 때 물을 주고, 자주 분무해 준다.

용토 배합토나 수경재배 모두 큰 차이 없이 잘 자란다.

종합평가	7.0점
휘발성 화학물질 제거력	★★★★
재배 및 관리의 용이성	★★★★★★★★★
병해충에 대한 저항력	★★★★★★★★
증산율	★★★★★★★

싱고니움은 기르기가 쉽고 관리하기가 편하며 병해충에 대한 저항력이 강하기 때문에 가정, 사무실 등에서 인기가 많은 실내식물이다.

싱고니움은 30여 가지의 품종이 있으며 각각 다양한 이름으로 불리고 있다. 종종 천남성과의 필로덴드론과 혼동하는 경우가 있는데 싱고니움의 잎은 흰색 또는 은색 무늬가 있는 것이 특징이다.

다른 품종에서는 볼 수 없는 싱고니움의 가장 두드러지는 특징은 가늘고 긴 화살촉 모양의 어린잎이 성장함에 따라 잎 가장자리가 3~5갈래로 갈라져 창 또는 별 모양으로 형태가 변한다는 것이다. 따라서 창 또는 별 모양의 잎들과 화살촉 모양의 잎들을 한 식물에서 함께 볼 수 있다.

싱고니움은 습기를 매우 좋아하므로 물을 자주 분무해주면 싱싱하게 잘 자란다. 가끔 젖은 천으로 잎의 먼지를 닦아주면 더욱 좋다. 탐스럽고 볼륨감 있는 형태를 유지하려면 정기적으로 웃자란 가지를 잘라준다.

이 식물은 걸이용 화분에서도 잘 자라는데 고른 생장을 위해서는 화분의 방향을 정기적으로 돌려주는 것이 좋다. 수경재배로 기를 경우에는 분갈이가 필요 없게 되는 장점이 있다.

디펜바키아 콤팩타

Dieffenbachia "Exotica Compacta"

영명	Dumb cane
분류	천남성과
원산지	중남미 열대지역
빛	반양지에서 반음지
온도	16~27℃(단기간 동안에는 9℃ 정도의 낮은 온도에서도 견딘다)
병해충	응애, 진딧물, 총채벌레 등이 생길 수 있다. 너무 물을 많이 주면 뿌리 썩음병이 발생할 우려가 있다.
관리	토양은 전체적으로 촉촉하게 유지하고, 겨울에는 물을 적게 준다. 3~8월까지는 액체비료를 준다. 잎은 자주 분무해주고 외풍을 막아준다.
용토	흙으로 키울 때는 토탄이 들어간 배합토나 양토에 토탄, 부엽토, 모래를 혼합하여 사용한다. 수경재배를 하면 아주 잘 자란다.
주의	식물의 전 부위에 독성 물질이 함유되어 있다.

종합평가	6.8점
휘발성 화학물질 제거력	★★★★★★★
재배 및 관리의 용이성	★★★★★★★★
병해충에 대한 저항력	★★★★★★
증산율	★★★★★★★

'디펜바키아'라는 속명은 1830년 독일의 식물학자이면서 비엔나의 쇤브룬 궁전 정원사였던 J. F. 디펜바흐(J. F. Dieffenbach)에게 경의를 표하기 위해 그의 이름을 따서 명명되었다. 영어 이름인 'dumb cane(말문이 막히는 줄기)'은 수액 속에 든 옥살산칼슘에서 유래되었는데, 이 물질 때문에 디펜바키아 콤팩타의 어떤 부위든

지 일부 떼어내어 입에 넣고 씹으면 일시적으로 혀와 성대가 마비되는 현상이 일어난다.

빼어날 정도로 잎이 아름다운 식물로 꼽히는 디펜바키아 콤팩타는 디펜바키아 중에서도 가장 인기가 많은 품종이다. 이 품종은 왜성종으로서 녹색과 흰색 또는 녹색과 크림색의 얼룩무늬가 인상적인 넓은 잎을 가졌다. 잎의 얼룩무늬는 빛을 충분히 받지 못하면 희미해지므로 잘 관리해야 한다.

디펜바키아 콤팩타는 일반적으로 최대 60cm까지 자란다. 넓은 창 모양의 잎은 가지가 분화되지 않는 줄기로부터 밖으로 뻗어 나와서 아치형으로 휘어진다. 이렇게 사방으로 펼쳐진 멋진 잎 때문에 매우 화려한 관엽식물 중 하나라고 인정받는다. 그러나 생장이 너무 빠르고, 빛이 비치는 쪽을 향해 자란다는 단점이 있다. 너무 크게 자랐거나 잎이 너무 흩어져 난 경우에는 전정을 해주면 금방 새로운 잎이 돋아 나온다. 이 식물은 잎의 표면이 넓기 때문에 실내공기 오염원 제거에 아주 효과적이다.

테이블야자

Chamaedorea elegans

영명 Parlour palm

분류 야자과

원산지 멕시코, 과테말라

빛 반양지에서 반음지

온도 20~27℃(겨울철에는 이보다 좀 더 낮은 온도에서 관리한다)

병해충 응애가 생길 수 있다. 너무 물을 많이 주면 뿌리썩음병이 발생할 우려가 있다.

관리 뿌리는 촉촉한 상태를 유지해준다. 3~9월까지의 생육기에는 충분하게 물을 준다. 비료는 농도가 아주 묽은 액체비료를 3~4주 간격으로 준다. 자주 분무해주는 것이 좋다.

용토 토양재배뿐만 아니라 수경재배도 잘 자란다.

종합평가	6.6점
휘발성 화학물질 제거력	★★★★
재배 및 관리의 용이성	★★★★★★★★
병해충에 대한 저항력	★★★★★★★★
증산율	★★★★★★★

테이블야자는 영국 빅토리아 시대부터 실내식물로 사랑을 받아왔으며, 오늘날에도 그 인기는 여전하다.

요즘은 한 그루로 판매하기보다는 여러 그루를 한데 모아 심어 묶음으로 판매하는 경우가 많다.

다른 어떤 야자나무보다도 섬세한 외모를 가진 테이블야자는 키가 최고 1.8m

까지도 자라지만 평균 키는 1m 안팎이다.

생장이 다소 느린 편이며, 딱딱하고 가느다란 줄기에는 약 20cm 길이의 밝은 녹색을 띤 겹잎이 나온다.

테이블야자는 완전히 성숙하기 전에 꽃을 피우기 시작하며, 쾌적하고 생육 조건이 충족되는 곳에서 키우면 연중 꽃을 피우기도 한다. 그러나 꽃가루가 문제를 일으킬 수 있으므로 꽃이 피기 전에 꽃봉오리를 잘라 주는 것이 좋다.

또 한 가지 주의할 점은 측아(곁눈)를 발생시키지 않기 때문에 가지치기를 해서는 안 된다.

벤자민고무나무

Ficus benjamina

영명 Weeping fig

분류 뽕나뭇과

원산지 열대지역, 아열대지역

빛 양지에서 반양지

온도 낮 16~24℃, 밤 13~20℃

병해충 개각충, 깍지벌레가 생길 수 있다. 물을 지나치게 많이 주면 뿌리썩음병이 발생할 우려가 있다.

관리 물은 토양이 촉촉한 상태를 유지할 정도로 준다. 여름에는 2주 간격으로 액체비료를 준다. 뿌리가 화분에 꽉 차는 상태를 좋아하므로 매년 분갈이할 필요는 없다.

용토 수경재배나 지하관수법으로 기르면 이상적이다. 일반 화분에서 화분용 배합토를 써서 기를 때는 세심한 배려가 필요하다.

종합평가	6.5점
휘발성 화학물질 제거력	★★★★★★★★
재배 및 관리의 용이성	★★★★★★
병해충에 대한 저항력	★★★★★★
증산율	★★★★★★

벤자민고무나무는 가정, 쇼핑몰, 공공건물의 로비나 아트리움 등 다양한 곳에서 자주 볼 수 있는 아주 인기 좋은 식물이다.

이 식물의 가장 큰 단점은 환경 변화에 민감하여 이동하면 싫어한다는 점이다. 그러나 생육 조건을 충족시켜 주면 잘 자란다. 그리고 실내공기 오염물질, 특히 포름알데히드를 제거하는 능력이 매우 뛰어나다.

잎은 밝은 녹색에서부터 짙은 녹색에 이르기까지 단색인 경우도 있고, 얼룩무늬가 있는 경우도 있다. 영어 이름인 'Weeping fig(우는 뽕나무)'는 가지를 부드럽게 늘어뜨리고 있는 이 나무의 모습에서 유래하였다.

벤자민고무나무는 줄기 형태에 따라 일반나무 형태, 관목 형태(한 화분에서 여러 줄기가 뻗어 나오는 것), 노끈 형태(2~3개의 줄기가 꼬여서 자라는 것)의 세 종류가 있다.

벤자민고무나무를 구입하여 실내에 들여오면 새로운 환경에 적응하는 동안 잎이 떨어지는 경우가 있다. 또 오래된 잎은 겨울이 되면 자연적으로 누렇게 변하여 떨어진다. 그러나 일단 새로운 환경에 적응하고 나면 몇 년이고 무성하게 잘 자란다.

화분 지면에 에피프레넘이나 아이비류를 심어주면 훨씬 더 보기에도 좋고 공기정화 효과도 커진다.

쉐플레라

Brassaia actinophylla

영명 Schefflera

분류 두릅나뭇과

원산지 호주 북동부, 뉴질랜드, 뉴기니, 인도네시아 자바 섬, 대만

빛 반음지

온도 18~24℃(13℃ 이하의 저온은 피한다)

병해충 공기가 너무 건조하면 진딧물, 응애, 깍지벌레, 개각충 등이 생기기 쉽다.

관리 표면의 흙이 약간 마를 때 물을 충분히 준다. 가을과 겨울에는 물을 덜 준다. 비료는 봄과 여름에는 희석시킨 액체비료를 2주 간격으로 주고, 가을과 겨울에는 한 달 간격으로 준다. 분무는 자주 해주는 것이 좋다.

용토 수경재배로 키우면 가장 잘 자란다. 일반 화분에 키울 경우에는 시판되는 화분용 배합토를 쓰면 된다.

종합평가	6.5점
휘발성 화학물질 제거력	★★★★★★★★
재배 및 관리의 용이성	★★★★★★★★
병해충에 대한 저항력	★★★★
증산율	★★★★★★★

쉐플레라는 위풍당당한 분위기를 자아내며 실내에서도 2.5~3.1m까지 자랄 수 있다. 이보다 조금 더 작은 품종인 쉐플레라 아르보리코라(*Schefflera arboricola*)는 1.2m 정도밖에 키가 자라지 않으며, 최근에는 잎에 얼룩무늬가 있는 것도 보급되

고 있다.

한때는 크게 자라는 실내식물 가운데 가장 큰 인기를 누렸으나 요즘은 다른 실내식물에게 밀려나 그 인기가 다소 쇠퇴한 듯하다.

그러나 쉐플레라는 쉽게 기를 수 있고 관리하기가 수월하여 실내식물로서 여전히 인기가 있다. 다소 키가 크기 때문에 구입하기 전에 어디에 놓을지를 먼저 고려하여야 한다.

쉐플레라의 긴 줄기들에는 약 30cm 길이의 광택 있는 잎들이 7~16개 정도 달려 있다. 이렇게 줄기에 방사상 모양으로 달린 잎들이 마치 우산의 골격처럼 보여서 'umbrella tree(우산나무)'라는 별명을 얻게 되었다. 너무 크게 자라지 않도록 생장을 억제하려면 중심 줄기의 마디부분(가지와 잎이 나오는 부위)에서 잘라준다.

쉐플레라는 실내원예를 처음 시작하는 사람이 기르기에 적합하나, 관리를 소홀히 하면 해충이 잘 생긴다는 단점이 있다. 그러므로 구입할 때 해충이 있지는 않은지 꼼꼼하게 살펴보아야 한다. 자주 분무해주면 해충이 생기는 것을 예방할 수 있다.

꽃베고니아

Begonia semperflorens

영명	Wax begonia
분류	베고니아과
원산지	브라질
빛	양지에서 반양지
온도	16~24℃
병해충	해충은 거의 안 생긴다. 너무 습기가 많거나, 공기 순환이 잘 안 되면 곰팡이성 병이나 흰가루병이 생길 수 있다.
관리	일 년 내내 희석하지 않은 비료를 격주 간격으로 준다. 흙이 약간 마르면 물을 주되 너무 많이 주면 안 된다. 어린 가지를 따주면 줄기가 가늘어지는 것을 막을 수 있고 꽃도 더 예쁘게 핀다. 잎이 젖어 있으면 병을 일으키는 포자가 번식할 수 있으므로 분무는 하지 않는다.
용토	배수가 좋고 부식질이 많이 함유된 배합토를 사용한다.

종합평가	6.3점
휘발성 화학물질 제거력	★★★★
재배 및 관리의 용이성	★★★★★★
병해충에 대한 저항력	★★★★★★★★
증산율	★★★★★★★

베고니아(begonia)라는 이름은 17세기 프랑스계 캐나다인 식물학자였던 M. 미카엘 베곤(M. Michael Begon)을 기념해서 붙여졌다.

학명인 *Begonia semperflorens*는 '언제나 꽃이 피는 베고니아'라는 의미이다. 그래서 '사철베고니아'라는 이름으로도 불리고 있다.

꽃베고니아는 섬유질이 많은 미세한 뿌리조직을 가지고 있다. 이 뿌리조직에서 단단하면서도 즙이 많이 들어 통통한 여러 개의 줄기가 올라오는데 그 줄기 꼭대기에는 표면에 왁스를 칠한 듯한 둥근 잎이 달린다.

꽃은 생육 상태가 좋으면 일 년 내내 볼 수 있다. 꽃의 색깔은 흰색, 분홍색, 오렌지색, 노란색 그리고 이들을 혼합한 색들까지 매우 다양하다.

꽃베고니아는 키우기가 그렇게 힘들지는 않다. 다만 다즙성(다육성) 식물이라서 물을 너무 많이 주면 안 되고, 가능한 한 햇볕을 많이 쬐주는 것이 좋다.

그리고 녹색의 관엽식물과 함께 키우면 꽃베고니아의 화려한 색이 포인트가 될 수 있다. 잎의 색이 희미해지면 햇빛이 덜 드는 곳으로 옮겨준다. 잎 끝이 갈색으로 변하면 공기가 너무 건조하다는 증거이다.

필로덴드론 셀륨

Philodendron selloum

영명	Lacy tree philodendron
분류	천남성과
원산지	남아메리카
빛	반음지
온도	16~21℃(13℃ 이하나 24℃ 이상 되는 장소에는 두지 않도록 한다)
병해충	때때로 진딧물, 개각충, 깍지벌레가 생긴다. 온도가 낮고 과습한 토양에서는 뿌리썩음병이 발생할 수 있다.
관리	생육기 동안에는 토양을 전체적으로 촉촉하게 유지하도록 하고, 겨울철에는 물을 덜 준다. 비료는 생육기에만 2배로 희석시킨 액체비료를 준다. 분무는 자주 해주고 젖은 천으로 종종 잎을 닦아준다.
용토	일반 화분용 배합토를 쓰면 된다. 수경재배 방법으로도 잘 자란다.

종합평가	6.3점
휘발성 화학물질 제거력	★★★
재배 및 관리의 용이성	★★★★★★★★
병해충에 대한 저항력	★★★★★★★★
증산율	★★★★★★

관목 형태로 자라는 필로덴드론속 가운데 필로덴드론 셀륨이 가장 인기가 있고 실내 재배용으로도 제일 적합하다. 시중에 왜성종 및 다양한 형태의 교배종이 개량되어 나오고 있다.

필로덴드론 셀륨은 공기가 건조하고 빛이 잘 들지 않아도 다른 품종의 필로덴드론에 비해 잘 견디기 때문에 적절하게 보살펴 주면 여러 해 동안 기를 수 있다.

성장하면서 가지가 뻗어나가 많은 공간을 차지하게 되므로 배치할 장소를 잘 고려해야 된다.

필로덴드론 셀륨은 공공건물의 아트리움이나 로비 등에서 흔히 볼 수 있지만, 천장이 높고 넓은 공간에 배치하면 보다 드라마틱한 효과를 낼 수 있다.

이 식물은 잎맥 근처에서부터 갈라지는 커다란 잎을 가지고 있다. 이 잎은 성숙하면 할수록 더 뚜렷하게 갈라지기 때문에 잎 가장자리가 물결치는 것처럼 된다.

밝은 빛과 적당한 온도와 습도를 유지해주면 풍성하고, 짧지만 단단한 형태로 자란다. 생장을 지연시키려면 비료의 양을 줄이고, 뿌리가 꽉 차서 생육하기에 약간 비좁은 듯한 화분에 심는 것이 좋다.

필로덴드론 옥시카르디움

Philodendron oxycardium

영명 Heart-leaf philodendron

분류 천남성과

원산지 남아메리카

빛 반음지에서 음지

온도 16~21℃가 이상적(13℃ 이하나 24℃ 이상 되는 장소에 두지 않는다)

병해충 진딧물, 깍지벌레, 개각충이 생길 수 있다. 온도가 낮고 과습한 토양에서는 뿌리썩음병이 발생할 우려가 있다.

관리 비료는 겨울철을 제외하고 2주에 한 번 준다. 큰 식물은 희석하지 않은 비료를 쓰고, 작은 식물은 농도가 묽은 비료를 쓴다. 토양은 항상 촉촉하도록 관리하되, 겨울철에는 물 주는 횟수를 줄인다. 분무는 자주 해주고 때때로 젖은 천으로 잎을 닦아준다.

용토 토양재배, 수경재배 모두 잘 자란다.

종합평가	6.3점
휘발성 화학물질 제거력	★★★★
재배 및 관리의 용이성	★★★★★★★★★
병해충에 대한 저항력	★★★★★★★★★
증산율	★★★★

하트 모양의 독특한 잎 때문에 누구나 쉽게 구분할 수 있는 필로덴드론 옥시카르디움은 필로덴드론속 가운데서 가장 알려진 품종이라 할 수 있다. 타고 올라가는 성질이 있는 덩굴성 식물이라 2m 높이까지 올라가기도 한다.

1850년경 처음 실내식물로 도입된 이 식물은 잎이 광택 있는 짙은 녹색이며 잎 끝이 뾰족한 하트 모양을 이룬다.

필로덴드론 옥시카르디움은 필로덴드론속 중에서 가장 키우기 쉬운 식물로 꼽히며 병해충에 대한 저항력도 크고 빛이 희미한 곳에서도 잘 자라기 때문에 실내식물로서 인기가 높다.

잎을 무성하게 하여 외관을 더 풍성하게 보이도록 하려면 정기적으로 뻗어 나오는 덩굴의 끝을 잘라 주고, 분무도 자주 해준다. 그리고 덩굴성이기 때문에 뻗어 나가도록 하기 위한 지주가 필요하다.

잎이 있는 줄기를 몇 개 잘라서 촉촉한 배양토에 꺾꽂이를 하면 뿌리가 자라서 새로운 개체로 자란다. 생장이 느린 식물이므로 걸이용 화분에서 키우는 것이 적합하다.

산세비에리아

Sansevieria trifasciata

영명 Snake plant

분류 용설란과

원산지 서아프리카 열대지역, 인도

빛 반양지, 반음지, 음지

온도 18~27℃

병해충 해충이 거의 안 생긴다. 물을 너무 많이 주면 뿌리썩음병이 생길 수 있다.

관리 물은 부족한 듯이 주는 것이 좋으며 흙이 건조해졌을 때 준다. 비료는 한 달에 한 번씩 희석시킨 액체비료를 준다.

용토 토양재배를 할 경우에는 매년 분갈이를 해줘야 하지만 수경재배를 할 때는 여러 해 동안 분갈이를 하지 않고 기를 수 있다.

종합평가	6.3점
휘발성 화학물질 제거력	★★★
재배 및 관리의 용이성	★★★★★★★★★★
병해충에 대한 저항력	★★★★★★★★★★
증산율	★★

다른 식물과 같이 기르면 묘한 대조를 이루는 산세비에리아는 거의 아무런 관리를 하지 않아도 잘 자란다.

키우기가 매우 쉬운 데다가 해충에도 강하여 실내식물로서 인기가 높다. 특히 실내정원을 꾸미는 데 있어서 빠지지 않는 단골 식물이기도 한다.

산세비에리아는 영어로 'mother - in - law's tongue(시어머니의 혀)'이라는 다소 안 좋은 뉘앙스의 이름으로 불리기도 하지만 '불멸의 생명력'을 가졌다고 할 만큼 아주 강건한 식물이다.

그리고 다른 대부분의 실내식물과는 달리 밤에 산소를 만들어 배출하고 이산화탄소를 흡수한다.

산세비에리아는 약 70여 종의 품종이 있는데, 그 중에서도 산세비에리아 트리파시아타(Sansevieria trifasciata)가 가장 인기가 있다. 거의 수직으로 뻗어있는 예리한 창 모양의 잎은 길이가 60~120cm, 폭은 5cm 정도이다.

드물게 연두색 빛이 살짝 감도는 흰색의 작고 향기로운 꽃을 피운다. 그러나 이 꽃은 꿀같이 끈적거리는 물질을 분비하기 때문에 제거해주는 것이 좋다.

디펜바키아 카밀라

Dieffenbachia camilla

영명 Dumb cane

분류 천남성과

원산지 콜롬비아, 베네수엘라, 에콰도르

빛 반양지에서 반음지

온도 16~29℃(단기간 동안에는 8℃ 정도의 낮은 온도에서도 견디지만 너무 오랫동안 추운 곳에 두면 잎이 떨어진다)

병해충 응애, 진딧물, 총채벌레, 깍지벌레 등이 생길 수 있다.

관리 물은 토양이 촉촉한 상태를 유지할 정도로 주고 겨울에는 물 주는 횟수를 줄인다. 비료는 3~8월까지는 농도가 낮게 희석시킨 액체비료를 준다. 분무는 자주 해주고 외풍은 견디지 못하므로 막아준다.

용토 토양재배에서는 일반 흙과 부엽토를 3:1 비율로 섞은 배합토를 쓴다. 수경재배에서도 아주 잘 자란다.

주의 이 식물의 모든 부위에 독성 물질이 함유되어 있으므로 주의한다.

종합평가	6.2점
휘발성 화학물질 제거력	★★★★★
재배 및 관리의 용이성	★★★★★★★
병해충에 대한 저항력	★★★★★★
증산율	★★★★★★★

디펜바키아 카밀라는 매력적인 모양과 색 때문에 실내식물로서 높은 평가를 받는 인기 식물이다. 이 식물의 잎은 때때로 마치 꽃이 핀 것처럼 화려한 색을 보여준다.

주로 녹색 바탕에 흰색이나 노란색의 대리석 무늬가 있는 넓은 잎은 증산작용을 통하여 공기 중의 수분을 보충해준다.

디펜바키아의 모든 종들이 영어로 'dumb cane(말문이 막히는 줄기)'이라고 불린다. 왜냐하면 디펜바키아류는 수액에 옥살산칼슘이 들어 있어서 입에 넣고 씹으면 목이 부어올라 며칠 동안 말을 할 수 없기 때문이다.

디펜바키아 카밀라는 일반 가정이나 사무실의 환경에 잘 적응한다. 그러나 창가처럼 밝은 곳을 더 좋아한다. 너무 어두운 곳에서 키우면 잎의 무늬 색이 옅어진다.

작은 품종인 왜성종의 경우에는 키가 60cm 정도밖에 자라지 않으므로 가정에서 키우기에 적합하다.

필로덴드론 도메스티컴

Philodendron domesticum, Philodendron tuxla

영명	Elephant ear philodendron
분류	천남성과
원산지	브라질
빛	음지 혹은 반음지
온도	16~21℃(13℃ 이하나 24℃ 이상 되는 장소에는 두지 않도록 한다)
병해충	진딧물, 개각충, 깍지벌레가 생기기도 한다. 온도가 낮고 토양이 너무 습하면 뿌리썩음병이 발생할 수 있다.
관리	흙 전체를 촉촉하지만 너무 습하지 않게 유지하고, 겨울에는 물 주는 횟수를 줄인다. 비료는 연중 농도를 2배로 희석시킨 액체비료를 준다. 분무를 자주 해주고 때때로 젖은 천으로 닦아서 잎을 깨끗하게 관리한다.
용토	토양재배, 수경재배 모두 잘 자란다.

종합평가	6.2점
휘발성 화학물질 제거력	★★★★
재배 및 관리의 용이성	★★★★★★★★
병해충에 대한 저항력	★★★★★★★★
증산율	★★★★★

필로덴드론 도메스티컴은 영어 명칭에서 'spade-leaf philodendron(삽모양 잎의 필로덴드론)'으로 불리기도 하며, 가끔 필로덴드론 바스타툼(Philodendron bastatum)이라는 이름으로 판매되는 경우도 있다. 일반적인 영어 이름인 'elephant ear philodendron(코끼리 귀 필로덴드론)'은 코끼리의 귀를 닮은 긴 화살 모양 잎에

서 그 이름이 유래되었다.

완전히 성숙한 잎은 길이가 17cm 정도 되고, 폭은 가장 넓은 것이 10cm 정도 된다. 자연 상태에서는 노란 빛이 감도는 흰색 꽃을 피우는데, 인공적으로 재배하는 경우에는 거의 보기 힘들다. 도메스티컴 품종은 다른 필로덴드론에 비하여 성장이 다소 느린 편이다. 그리고 위로 기어 올라가지는 않지만 덩굴성이므로 지주를 해주는 게 좋다. 지주는 수분을 확보할 수 있는 흡습소재를 사용한다. 예를 들어 삼나무의 껍질로 만든 판자모양의 지주나 철사와 물이끼로 만든 이끼 기둥의 지주가 적당하다.

열대가 그 원산지인 다른 식물들과 마찬가지로 필로덴드론 도메스티컴은 따뜻하고 습기가 있으며 직사광선을 피한 빛을 좋아한다. 이 식물은 기르기가 쉽고 해충에 대한 저항력도 강하여 실내식물로서 인기가 많으며, 외관이 수려하여 실내 장식용으로도 자주 이용된다. 가정은 물론 점포와 같은 상업적인 장소에 아주 잘 어울리는 실내식물이다.

아라우카리아

Araucaria heterophylla

영명	Norfolk Island pine
분류	소나뭇과
원산지	남태평양의 노포크 섬
빛	양지에서 반음지
온도	18~22℃(겨울철에는 시원한 곳에서 키우되 5℃ 이하가 되지 않도록 한다)
병해충	진딧물, 깍지벌레가 생길 수 있다.
관리	가장 활발한 생육기인 3~8월까지는 토양이 약간 축축할 정도로 물을 주고, 겨울에는 적게 준다. 비료는 생육기에 묽은 농도의 액체비료를 1주일 간격으로 준다. 분무는 자주 해주는 게 좋다.
용토	일반 화분, 수경재배, 지하관수 모두 가능하다.

종합평가	6.2점
휘발성 화학물질 제거력	★★
재배 및 관리의 용이성	★★★★★★★
병해충에 대한 저항력	★★★★★★★★★
증산율	★★★★★★

아라우카리아는 쿡(Cook) 선장과 식물학자 조지프 뱅크스(Sir Joseph Banks) 경이 처음 발견한 매력적인 상록 침엽수이다. 같은 품종 중에서도 15종 이상의 변종이 알려져 있으나 실내식물로 도입된 종은 아라우카리아 헤테로필라(Araucaria heterophylla) 하나뿐이다.

이 식물의 가지는 전형적인 소나무 가지의 모양을 하고 있는데, 층을 이루면서 올라가는 가지에는 부드러운 바늘잎들이 있다.

새로 자란 층의 바늘잎은 밝은 녹색이나 시간이 지날수록 점점 짙어진다. 자생지에서는 키가 61m까지도 자라지만, 실내에서 기를 경우에는 대개 최고 높이가 3m 정도이다.

아라우카리아는 생장이 다소 느리다. 일반적으로 한 번의 생육기를 거치는 동안 새로 나오는 가지는 한 층밖에 되지 않는다. 바로 이 점 때문에 아주 독특하게 보인다.

아라우카리아는 기르기가 쉬운 편이다. 그러나 바늘잎이 떨어지고 가지가 시들어서 축 처지면 실내가 너무 덥거나, 겨울에 물을 너무 많이 준 것이 원인일 수 있으므로 관리 환경을 검토해 볼 필요가 있다.

이 식물은 작은 크리스마스트리로 사용되는 경우가 많은데 장식을 매달 때는 연약한 가지가 상하거나 부러지지 않도록 조심해야 한다.

호마로메나 바리시

Homalomena wallisii

영명	King of Hearts
분류	천남성과
원산지	아시아 및 아메리카 열대지역
빛	반음지에서 음지
온도	16~24℃(외풍이 있는 곳은 피한다)
병해충	너무 따뜻하거나 건조한 곳에서 기르면 응애가 생길 수 있다.
관리	토양은 전체적으로 촉촉한 상태를 유지한다. 가능하면 실내 온도와 비슷한 연수나 빗물을 준다. 봄에서 가을까지는 묽은 농도의 액체비료를 정기적으로 준다.
용토	시중에서 판매되고 있는 배합토를 쓰되, 물 빠짐이 좋게 한다.

종합평가	6.0점
휘발성 화학물질 제거력	★★★★★★★
재배 및 관리의 용이성	★★★★
병해충에 대한 저항력	★★★★★★
증산율	★★★★★★★

호마로메나 바리시는 매력적이긴 하지만 다소 키우기가 힘든 식물이다. 그러나 좀 더 강한 교배종들이 개발되면 더 많은 인기를 누리게 될 것이다.

현재 약 130종의 호마로메나 변종이 있으나 실내식물로 재배되고 있는 것은 호마로메나 바리시뿐이다.

호마로메나속은 *Schismatoglottis*속과 종종 혼동되기도 하는데, 이 두 속은 서로 다른 종류이다. 친척관계에 있어서 호마로메나 바리시와 가까운 식물은 필로덴드론이다.

실험에서 공기 중에 있는 암모니아 제거 능력이 뛰어난 것으로 평가받은 호마로메나 바리시는 화려한 잎을 가지고 있다. 짙은 황록색 바탕에 은색 또는 크림색을 살짝 뿌려 놓은 듯한 잎이 매혹적인 느낌을 준다. 다 자란 잎은 길이가 20cm나 된다.

이 식물은 성장 속도가 느린 편이다. 그리고 기질이 까다롭기 때문에 일반적으로 가정에서는 잘 기르지 않지만 잎이 아름다워서 실내원예나 실내조경 전문가들에게는 사랑을 받고 있다.

마란타 레우코네우라

Maranta leuconeura "Kerchoveana"

영명 Prayer plant

분류 마란타과

원산지 남아메리카

빛 반양지에서 반음지

온도 낮 21~27℃, 밤 16~21℃

병해충 난방 등으로 공기가 건조하면 응애, 깍지벌레가 생기기 쉽다. 너무 서늘한 곳에 두면 잎이 갈변할 수 있다.

관리 토양은 촉촉한 상태를 유지하고, 겨울철에는 물 주는 횟수를 줄인다. 비료는 봄과 여름에는 2주에 한 번씩 준다. 분무는 자주 해주고 노화되었거나 건강하지 않은 잎은 잘라 준다.

용토 일반 화분용 배합토를 사용한다. 수경재배로 키워도 잘 자란다.

종합평가	6.0점
휘발성 화학물질 제거력	★★★
재배 및 관리의 용이성	★★★★★★
병해충에 대한 저항력	★★★★★★★★
증산율	★★★★★★★

잎에 독특한 무늬와 말리는 습성이 있어 인상적인 마란타 레우코네우라는 사무실 같은 곳에서 잘 볼 수 없는 식물이다.

영어 이름 'prayer plant(기도하는 나무)'는 해질 무렵이면 기도할 때 손을 모으듯이 위로 접히는 잎의 모양에서 유래한다. 이 식물이 이렇게 하는 진짜 이유는 수분을 보존하기 위해서이다.

마란타 레우코네우라는 키가 작고 가지가 많은 식물이다. 넓은 연두색 잎에는 갈색과 암녹색 무늬가 있는데, 이 무늬들은 잎맥을 따라 양쪽으로 늘어서서 잎을 장식하고 있다.

이 품종은 원래 그다지 크게 자라는 편이 아니라서 다 자라도 키가 20~30cm밖에 되지 않는다. 또 자라면서 방사상으로 퍼지는 경향이 있다.

마란타속에는 여러 가지 변종이 있지만 그 중에서 가장 키우기 쉬운 것이 바로 레우코네우라 품종이다. 지금 가정에서 키우는 마란타 레우코네우라가 낮에는 잎을 펼치고 밤에는 잎을 접는다면 대체로 환경에 잘 적응하고 있다고 볼 수 있다.

왜성 바나나

Musa cavendishii

영명 Dwarf banana

분류 파초과

원산지 아시아와 서태평양의 열대지역

빛 양지에서 반양지

온도 18~24℃(단기간 동안에는 10℃ 정도의 낮은 온도에서도 견딘다)

병해충 응애와 깍지벌레가 생길 수 있다.

관리 토양은 지속적으로 축축하게 유지해야 한다. 그러나 화분 받침대에 물이 고이지 않도록 주의한다. 겨울철을 제외하고는 물을 줄 때마다 비료도 함께 준다.

용토 지름이 30cm 정도 되는 화분에 배합토와 피트모스를 같은 비율로 섞은 혼합토를 사용하여 심는다. 수경재배를 하면 물 주는 횟수와 분갈이 횟수를 줄일 수 있다.

종합평가	5.8점
휘발성 화학물질 제거력	★★★★★
재배 및 관리의 용이성	★★★★
병해충에 대한 저항력	★★★★★★
증산율	★★★★★★★★

왜성 바나나는 키가 60~150cm밖에 안 되며, 실내식물로서는 다소 생소하다고 할 수 있다.

집에 일광욕실이 따로 있거나 창가에 햇빛이 잘 드는 경우 또는 열대지방의 분위기를 연출하고 싶은 경우에는 왜성 바나나를 기르면 딱 좋다.

왜성 바나나의 넓고, 빛나며, 이국적인 잎사귀는 실내공간을 한층 더 열대지방 분위기로 이끌어 준다.

그러나 빛을 많이 쬐주어야 하고, 따뜻하게 해줘야 하며, 지속적으로 수분을 공급해줘야 되는 등 관리하기 어려운 식물이다.

실내환경에서 바나나가 열리는 경우는 거의 없다. 가장 큰 이유는 빛이 부족하기 때문이다. 잎도 쉽게 갈라져서 너덜너덜해진다. 현실적으로 가장 이상적인 조건에서도 1~2년 이상 이 식물이 보기 좋은 상태를 유지하면서 사는 경우는 거의 없다.

실내식물로서의 매력을 찾는다면 왜성 바나나의 큰 잎은 놀라울 정도로 활발하게 증산작용을 하여 엄청난 양의 수분을 공기 중에 내뿜는다는 점이다. 왜성 바나나의 높은 증산율은 겨울철 난방으로 인해 건조해진 실내공기를 개선하는 데 상당한 도움이 된다.

게발선인장

Schlumbergera bridgesii, Schlumbergera rhipsalidopsis

영명	Christmas and Easter cactus
분류	선인장과
원산지	브라질
빛	반양지
온도	18~22℃
병해충	해충에 대한 저항력이 강하다. 그러나 스트레스를 받게 되면 깍지벌레, 응애가 생길 수 있다. 꽃봉오리가 생겼을 때 환경적인 변화가 있으면 꽃봉오리가 떨어질 수도 있다.
관리	표토가 약간 마르면 물을 주되 흙이 촉촉해질 정도로 준다. 여름에는 2주에 한 번 비료를 주고 그 후에는 물과 비료를 줄여서 잎을 성숙시킨다. 분무는 자주 해준다.
용토	배합토와 부엽토와 펄라이트를 1:2:1의 비율로 섞어 사용하면 좋다.

종합평가	5.8점
휘발성 화학물질 제거력	★★★
재배 및 관리의 용이성	★★★★★★★★★
병해충에 대한 저항력	★★★★★★★★
증산율	★★★

게발선인장은 귀엽고 매력적인 실내식물이다. 아치형으로 구부러지는 녹색 가지에는 약 4cm마다 마디가 있다.

가지는 늘어지는 성질이 있는데, 꽃이 피었을 때는 꽃 무게로 인해 더욱 늘어진다. 대체로 12월에 꽃봉오리가 맺히고 만개한다.

게발선인장의 자연종은 대개 브라질의 리우데자네이루 근처의 오겔 산맥에서 자란다.

현재 판매되고 있는 변종은 대개 *Zygocactus truncatus*와 *Schlumbergera russeliana*의 교배종이다.

일반적으로 흰색, 분홍색, 빨간색, 자주색, 보라색, 노란색 등 다양한 색상의 교배종을 시중에서 구할 수 있다. 다채로운 색상의 밝은 꽃들은 여러 주 동안 계속 핀다.

게발선인장 중에 이스터 캑터스는 크리스마스 캑터스와 모습이 닮았지만 가지가 덜 늘어지고 봄에 꽃이 핀다. 이 두 품종 모두 다른 식물들과 반대로 밤에 산소를 방출하고 이산화탄소를 흡수하는 특성을 가지고 있다.

게발선인장은 꽤 크게 자라고 여러 해 동안 살 수 있다. 번식 방법도 무척 쉬워서 줄기를 잘라 꺾꽂이하면 된다.

시서스 엘렌다니카

Cissus rhombifolia "Ellen Danika"

영명	Oakleaf ivy
분류	포도과
원산지	멕시코에서 콜롬비아에 이르는 아메리카 지역
빛	반양지에서 반음지
온도	낮 18~24℃, 밤 13~18℃
병해충	너무 건조한 곳에 두면 응애가 생길 수 있고, 흙이 너무 습하면 곰팡이성 균이 생길 수 있다. 특히 겨울철에는 더 조심해야 된다.
관리	물을 충분히 주되, 토양의 윗부분이 건조하면 준다. 3~8월까지는 물을 줄 때 묽은 액체비료를 같이 준다.
용토	일반 화분용 배합토를 사용한다. 수경재배를 해도 잘 자란다.

종합평가	5.7점
휘발성 화학물질 제거력	★★★★
재배 및 관리의 용이성	★★★★★★★
병해충에 대한 저항력	★★★★★★★
증산율	★★★★★

매력적인 덩굴성 식물인 시서스 엘렌다니카는 '그레이프 아이비'라고도 불린다. 이 교배종은 다른 품종에 비하여 크게 자라지는 않지만 가지치기를 해주면 잎이 무성해지고 풍성한 외모가 된다. 약간 붉은색을 띤 덩굴을 즐기고 싶으면 걸이용 화분에서 기르는 것이 좋다.

요즘 가장 인기 있는 품종은 'Ellen Danika'로 공공장소에서 널리 이용되고 있다. 보통 걸이용 화분으로 재배하는 경우가 많으며 관리하기가 쉬운 식물이다. 이 교배종의 잎은 끝이 아주 뾰족하게 갈라지는 것이 특징이며 참나무의 잎을 닮았다. 영어 이름인 'Oakleaf ivy(참나무잎 아이비)'는 이런 이유에서 붙여졌다.

시서스 엘렌다니카는 다른 변종보다 왜소하고 때때로 잎에 불그스레한 털이 돋기도 한다. 우아한 멋을 지닌 이 식물은 성장이 아주 빠르다. 가지가 제멋대로 자라지 않게 하려면 생장하고 있는 어린 가지의 끝을 잘라준다.

관리를 소홀히 하더라도 잘 견딜 수 있는 식물이므로 사무실 같은 곳에서 기르기에 적당하다. 공간이 충분할 경우 격자 울타리를 타고 올라가게 하면 보기에도 좋을 뿐만 아니라 잎이 크게 자라기 때문에 더 효과적으로 공기를 정화한다. 이러한 방법으로 기를 때에는 수경재배로 하면 물 주는 횟수를 줄일 수 있고 관리하기도 수월하다.

맥문동

Liriope spicata

영명	Lily turf
분류	백합과
원산지	중국, 일본
빛	반양지에서 반음지
온도	16~24℃
병해충	공기가 너무 건조하면 개각충, 진딧물이 생길 수 있다.
관리	수생식물(습지식물)이기 때문에 토양은 항상 촉촉한 상태를 유지해야 한다. 봄에서 가을까지는 한 달에 한 번씩 비료를 준다.
용토	물 빠짐을 좋게 하기 위해 흙이 덜 들어간 배합토를 사용한다. 수경재배를 하면 물 주는 횟수를 줄일 수 있다.

종합평가	5.5점
휘발성 화학물질 제거력	★★★★★★★
재배 및 관리의 용이성	★★★★
병해충에 대한 저항력	★★★★★★
증산율	★★★★★

맥문동은 실외에서 화단의 가장자리 장식으로 심거나 바위를 층층이 쌓아올려 정원 조경을 할 때 바위 틈 사이사이에 심는 경우가 많다.

그러나 실내에서 키워도 독특한 멋을 자아내는 식물이다. 따로 화분에 심어 길러도 되지만 대형 규모의 전시용 조경을 할 때 테두리를 장식하는 경계식물 또는 화단이나 큰 화분의 배양토 표면을 덮는 지피식물로 사용하면 가장 효과적이다. 이런 이유로 실내 인테리어 조경사들이 맥문동을 아주 많이 사용한다.

맥문동의 늘 푸른 잎은 아치를 그리며 아래쪽으로 구부러져 있어서 꼭 풀처럼 보이는데, 다 자라면 15~45cm 가까이 되며, 짙은 녹색을 띠거나 얼룩무늬가 있다. 다 자란 맥문동의 키는 대략 30cm 정도 된다. 그리고 여름에는 흰색이나 연보라색의 작은 꽃을 피운다.

맥문동은 땅속줄기에 의하여 번지는데 그 땅속줄기를 포기나누기하여 심으면, 연중 거의 아무 때나 쉽게 번식시킬 수 있다. 이 식물은 공기 중의 암모니아를 제거하는 능력이 탁월하다.

덴드로비움

Dendrobium sp.

영명	Dendrobium orchid
분류	난과
원산지	호주, 뉴질랜드, 중국, 인도, 인도네시아, 일본, 한국
빛	반양지
온도	낮 16~24℃, 밤 13~18℃
병해충	물을 너무 많이 주면 곰팡이성 병에 걸릴 수 있고 공기가 너무 건조하면 개각충, 응애가 생길 수 있다.
관리	봄과 여름에는 물을 충분히 준다. 겨울에는 뿌리가 시들지 않을 정도만 물을 주고, 비료는 주지 않는다. 분무는 자주 해준다. 특히 여름철에는 자주 분무해주는 것이 좋다.
용토	난 재배용 배합토와 참나무 잎 부식토, 물이끼를 섞어서 사용한다.

종합평가	5.5점
휘발성 화학물질 제거력	★★★★★★★
재배 및 관리의 용이성	★★★★
병해충에 대한 저항력	★★★★★★
증산율	★★★★★

덴드로비움의 속명은 'life in a tree(나무에서의 삶)'라는 의미의 그리스어에서 유래하였다. 이 이름에서 알 수 있듯이 대부분의 덴드로비움속의 식물은 다른 나무나 바위 면에 붙어서 자라는 착생식물(着生植物)이다.

선인장류의 사막식물이나 브로멜리아 같은 수중식물, 그 원산지가 정글인 난 등은 다른 식물들과는 반대로 밤에 산소를 방출하고 이산화탄소를 흡수한다.

난류 교배종은 일반 가정의 실내환경에 아주 잘 견디기 때문에 처음 실내에서 식물을 키우는 사람이 기르기에 적합하다.

덴드로비움은 환경적 조건이 충족되면 아름답고 이국적인 꽃을 피운다. 꽃이 아주 오래 피어 있기 때문에 꽃을 피우기 위해 들였던 공을 충분히 보상받을 수 있는 식물이다.

덴드로비움속의 식물이 자라는 데 필요한 조건은 개별 종에 따라 다르기 때문에 구입할 때 잘 고려해야 한다. 어떤 종은 꽃을 피우려면 가을에 서늘하게 해주어야 하고, 다른 종은 건조하게 해주어야 한다. 또 어떤 종은 그 두 가지의 조건이 다 충족되어야 한다.

꽃은 보통 고개를 숙이고 있는 줄기 위에 무리지어 또는 일렬로 핀다. 꽃이 피어 있는 기간은 1주일에서 몇 개월 동안으로 종에 따라 매우 다양하다. 덴드로비움류는 대기 중에 있는 알코올, 아세톤, 포름알데히드, 클로로포름 등을 제거하는 데 효과적인 식물이다.

클로로피텀(접란)

Chlorophytum comosum "Vittatum"

영명	Spider plant
분류	백합과
원산지	남아프리카
빛	반양지에서 반음지
온도	낮 18~24℃, 밤 13~18℃
병해충	너무 건조하면 진딧물, 개각충, 깍지벌레가 생길 수 있다.
관리	토양은 항상 촉촉하게 관리하고 표면의 토양이 건조해졌을 때 물을 준다. 비료는 봄과 여름에는 정기적으로 주고, 가을과 겨울에는 덜 준다.
용토	화분용 배합토에서나 수경재배 모두 잘 자란다.

종합평가	5.4점
휘발성 화학물질 제거력	★★★★★★
재배 및 관리의 용이성	★★★★★★
병해충에 대한 저항력	★★★★★
증산율	★★★★★

클로로피텀(접란)은 영어 명칭에서 'airplane plant(비행기 식물)'로 불리기도 한다. 이 식물은 1984년 NASA의 첫 연구 결과가 발표되었을 때 세계적인 주목을 받았다. 이 발표에 의해 클로로피텀은 실내공기에 함유되어 있는 오염물질을 제거하는 능력이 있음을 인정받았기 때문이다.

클로로피텀 가운데 가장 널리 알려져 있는 품종은 비타툼(Vittatum)이다. '하얀 줄무늬 잎'을 의미하는 이름처럼 이 식물은 잎 중앙에 노란색 또는 크림색 줄무늬가 들어가 있으며, 잎의 길이는 15~30cm 정도이다.

아치 모양을 그리며 가늘고 길게 자라는 줄기 끝에서는 사실상 일 년 내내 작고 하얀 꽃이 핀다. 꽃이 피고 나면 공중에 떠있는 형태로 새끼식물이 자라 나온다.

이 새끼식물은 분리해서 번식시켜도 되고, 그냥 모체에 붙여두어도 된다. 공중에 떠있는 새끼식물을 만드는 식물류는 걸이용 화분을 사용하면 모양이 제일 예쁘다. 화분의 위치는 생육기에도 회전시켜 주어야 균일하게 자라게 된다.

아글라오네마 실버퀸

Aglaonema crispum "Silver Queen"

영명	Chinese evergreen
분류	천남성과
원산지	동남아시아
빛	반음지에서 음지
온도	16~21℃(추위에 약하므로 온도에 신경 써야 한다)
병해충	공기가 건조하면 응애, 개각충, 깍지벌레, 진딧물이 생길 수 있다.
관리	활발한 생육기에는 토양을 항상 촉촉하게 유지한다. 휴식기인 겨울철에는 물을 덜 준다. 비료는 2주 간격으로 희석시킨 묽은 액체비료를 준다. 잎반점병이 생길 수 있으므로 분무는 피한다.
용토	일반 화분용 배합토를 사용하며, 흙이 들어있지 않은 용토에서도 잘 자란다.
주의	피부와 점막을 자극하는 물질이 함유되어 있다. 열매는 독성이 있으므로 잘라낸다.

종합평가	5.3점
휘발성 화학물질 제거력	★★★★
재배 및 관리의 용이성	★★★★★★
병해충에 대한 저항력	★★★★★
증산율	★★★★★★

아글라오네마는 최근 들어 가정과 공공건물에서 폭넓은 사랑을 받고 있는 실내식물이다. 이 식물은 빛이 잘 안 드는 장소에서도 아주 잘 견딘다. 그러나 저온에는 약해서 13℃ 이하의 온도에서는 견디기 힘들다.

아글라오네마 중에서 실버퀸 품종은 연두색과 은백색을 띤 잎이 돋보이므로 짙은 녹색 잎의 관엽식물들과 함께 기르면 서로 뚜렷한 색채 대비를 이루어 감상하기 좋다.

아글라오네마 실버퀸의 잎은 흙 속에 살짝 묻혀 있는 짧은 잎자루에 길이 15~30cm 정도의 창 모양을 하고 있다. 잎에는 회색이 감도는 녹색 바탕에 은색의 반점무늬가 아로새겨져 있어서 매우 매력적으로 보인다.

이 식물은 생육 조건이 충족되면 늦여름이나 초가을 무렵에 꽃을 피운다. 꽃이 지고 나면 독성이 있는 빨간 열매를 맺는다. 성장 속도가 다소 느린 편이나 키와 전체 넓이가 모두 90cm까지 자란다.

일반적으로 잎에 무늬가 있는 식물은 그 무늬를 유지하기 위해서 빛이 많이 필요한데 반해 아글라오네마 실버퀸은 빛이 부족한 곳에서도 잘 자란다. 또한 공기 중의 독성 물질들이 증가할수록 그 물질들을 제거하는 능력이 오히려 더 증가한다.

안스리움

Anthurium andraeanum

영명	Anthurium
분류	천남성과
원산지	콜롬비아
빛	반양지
온도	18~24℃
병해충	건조한 환경에서는 응애가 생길 수 있다. 너무 춥거나 습기가 많으면 곰팡이성 균이 침범할 수 있다.
관리	봄에서 가을까지는 토양을 촉촉하게 유지하고 겨울에는 물을 적게 준다. 3~9월까지는 1주일에 한 번 희석시킨 묽은 액체비료를 준다. 잎에 갈색 얼룩을 생기게 하므로 분무는 하지 않는 게 좋으며, 젖은 천이나 스펀지로 잎을 닦아준다.
용토	일반 화분이나 지하관수 화분에 토탄(이탄), 물이끼, 부엽토를 같은 비율로 섞어 쓴다. 수경재배로도 잘 자란다.

종합평가	5.3점
휘발성 화학물질 제거력	★★★
재배 및 관리의 용이성	★★★★★
병해충에 대한 저항력	★★★★★★
증산율	★★★★★★★

안스리움속에는 대략 600여 종의 품종이 있지만 가정에서 키우기에 적당한 식물은 세 가지 품종뿐이다. 가장 잘 알려진 것은 'Lady Jane'이라는 품종이다.

안스리움은 원산지가 열대지방이므로 따뜻하고 습한 곳을 좋아하지만, 실내에서 이런 환경을 유지시켜 주는 게 그리 쉬운 일은 아니다.

안스리움은 천남성과에 속하는 스파티필럼처럼 꽃을 둘러싸고 있는 넓은 잎 모양의 불염포가 있어서 짙은 녹색 잎과 대조를 이룬다.

그러나 흰색만 있는 스파티필럼과 달리 안스리움은 흰색, 분홍색, 빨간색, 산호색 등 다양한 색상의 불염포가 있다. 불염포는 여러 주 동안 지속되지만 꽃은 꽃가루가 날리게 할 수 있으므로 잘라 버려야 한다.

안스리움은 기르기 쉬운 식물은 아니다. 좋아하는 빛과 온도 조건을 맞춰 주려면 여간 수고스럽지가 않다. 또 수분을 좋아해서 대부분의 집과 사무실의 건조한 겨울 공기는 무척 힘들어한다. 이런 이유 때문인지 상업적인 장소에서 기르는 안스리움은 불염포가 시들기 시작하면 치워버리는 경우가 많다.

하지만 까다로운 요구 조건이 충족되면, 그 보답으로 아름다운 잎과 화려한 색채의 불염포를 감상할 수 있다.

크로톤

Codiaeum variegatum pictum

영명 Croton

분류 대극과

원산지 스리랑카, 말레이시아, 인도 남부

빛 양지에서 반음지

온도 낮 24~27℃, 밤 18~21℃(급격한 온도 변화는 피한다)

병해충 공기가 건조한 환경에서는 응애, 개각충이 생길 수 있으며, 잎 끝이 갈색으로 변하기도 한다.

관리 토양을 촉촉한 상태로 유지하되 겨울에는 물을 적게 준다. 봄과 여름 그리고 새잎이 나오는 동안에는 희석시킨 묽은 액체비료를 1주일 간격으로 준다. 수분 공급을 위해 분무를 자주 해주고 젖은 천으로 잎을 닦아준다.

용토 일반 화분용 배양토를 사용하면 된다. 수경재배를 하면 물 주는 횟수와 분갈이 횟수를 줄일 수 있어서 좋다.

종합평가	5.3점
휘발성 화학물질 제거력	★★★
재배 및 관리의 용이성	★★★★★★
병해충에 대한 저항력	★★★★★★★★
증산율	★★★★★

크로톤은 다채로운 색상의 잎을 가지고 있어서 다른 관엽식물들과 함께 기르면 밝은 분위기를 연출할 수 있으며 색상 대비 효과도 더 커진다. 이 식물은 영어 명칭에서 'Joseph's Coat(요셉의 외투)'로 불리기도 하는데, 성경에 나오는 다양한 색

상들로 만들어진 요셉의 외투에서 유래되었다.

크로톤의 잎들은 하나의 줄기 혹은 가지에서 나오며, 가죽처럼 매끈하고 떡갈나무 잎처럼 두꺼운 것이 특징이다. 잎의 색은 노란색, 오렌지색, 빨간색, 녹색, 자주색 등 여러 가지 색상들이 한데 어우러져 아름다운 색의 향연을 벌인다.

새로 나온 어린잎은 녹색인데, 성숙함에 따라 천연색으로 바뀐다. 성숙한 잎은 반점 무늬가 있으며 잎 가장자리가 다른 색을 띠거나 잎맥이 잎 가장자리와 대비되는 색을 나타내는 등 화려한 색깔이 돋보이는 식물이다. 그러나 빛이 충분하지 않으면 색이 바래 버린다. 키는 60~120cm까지 자란다.

크로톤은 빛을 많이 쬐게 할 것, 따뜻하게 해줄 것, 촉촉하게 해줄 것 등 키우기가 다소 까다롭기는 하지만 모든 환경 조건이 충족되면 찬란한 색상으로 잎사귀들을 채색한다. 그러므로 창 근처의 햇볕 잘 드는 장소에 두고 온도 및 습도를 잘 맞춰 주도록 한다. 이런 애정 어린 보살핌을 받으면 크로톤은 멋진 모습으로 보답할 것이다.

포인세티아

Euphorbia pulcherrima

영명	Poinsettia
분류	대극과
원산지	멕시코 남부
빛	반음지
온도	낮 18~21℃, 밤 10~18℃
병해충	드물게 흰가루병이 생길 수 있다. 토양이 너무 습하면 뿌리썩음병이 발생할 수 있다.
관리	흙 표면이 건조해지면 물을 충분히 준다. 이 식물의 휴식기인 봄에서 한여름까지는 물을 적게 준다. 활발하게 성장하는 생육기에는 2주에 한 번씩 묽은 액체비료를 준다.
용토	일반 화분용 배합토를 쓴다. 수경재배에서도 잘 자란다.

종합평가	5.1점
휘발성 화학물질 제거력	★★★
재배 및 관리의 용이성	★★★★★
병해충에 대한 저항력	★★★★★★★
증산율	★★★★★

화려한 붉은색의 포엽(苞葉, 보통 꽃으로 감상하는 부분으로 잎이 변형된 것임)이 매력적인 포인세티아를 실내에 두면 크리스마스 분위기가 한층 더 살아난다.

가정이나 사무실, 쇼핑센터, 교회 등 다양한 장소에서 볼 수 있는 포인세티아는 겨울철, 특히 연말연시에 가장 인기 있는 식물이다.

포인세티아에서 꽃은 별로 중요하지 않다. 이 식물의 가장 큰 매력은 너무나 화사한 포엽들에서 나온다. 낮은 쪽에 있는 포엽은 녹색이지만, 위쪽으로 갈수록 빨간색, 흰색, 분홍색 등의 색상과 얼룩 무늬, 대리석 무늬 등의 문양을 화려하게 연출한다.

1830년 조엘 포인세트(Joel Poinsett)는 처음 멕시코 남부지방에서 야생 상태로 자라고 있는 포인세티아를 발견하였다. 이후 1900년대 초에 앨버트 에커(Albert Ecke)에 의해서 포인세티아가 상업적으로 재배되기 시작하였고, 그의 아들인 폴 에커(Paul Ecke)는 아버지의 사업을 이어받아 더 우수한 품종들을 개발하였다.

그 결과, 세계적으로 존재하는 모든 품종의 포인세티아 가운데 약 90%에 해당하는 품종이 캘리포니아의 폴 에커 농원(Paul Ecke Ranch)에서 개발되었다.

아잘레아

Rhododendron simsii "Compacta"

영명 Dwarf azalea

분류 진달랫과

원산지 중국 중부지방, 일본

빛 반음지

온도 낮 13~20℃, 밤 7~16℃

병해충 너무 따뜻하고 건조한 장소에서는 응애가 생길 수 있다.

관리 토양을 항상 촉촉하게 유지한다. 비료는 개화가 끝나고 6주가 지난 후 2주에 한 번씩 준다. 가을에는 질소보다 인산 성분이 많이 든 비료를 주어야 보기 좋은 건강한 꽃이 핀다. 개화기가 아닐 때만 분무해준다.

용토 산성토양을 좋아하므로 시판되는 아젤레아용 배합토를 쓰면 된다. 또는 일반 배합토, 피트모스, 모래를 동일 비율로 섞어 쓴다.

종합평가	5.1점
휘발성 화학물질 제거력	★★★★★★
재배 및 관리의 용이성	★★★★
병해충에 대한 저항력	★★★★★
증산율	★★★★★

아잘레아는 1850년경 벨기에의 한 요양소에 실내식물로서 처음 도입되었다. 그 후로 다양한 변종과 색상의 아잘레아가 나왔으며 현재에 이르러서는 실내식물로서 대단한 인기를 누리고 있다.

아잘레아의 다양한 왜성종들은 'florist's azalea(꽃장사의 아잘레아)'라고 불리기도 한다.

일반적으로 아잘레아는 실내에서만 키워야 된다고 알고 있는데 서리만 맞히지 않으면 실외에서도 키울 수 있다. 겨울에 봄의 숨결을 느끼게 만드는 능력에 있어서는 아잘레아를 당할 식물은 거의 없다.

품종 개량을 통해 겨울에서 봄까지 꽃이 피는 품종도 만들어졌으며 연중 어느 때나 구입할 수 있다. 사실 아잘레아는 '한번 보고 버리는' 식물이 아니다. 꽃이 졌다고 하더라도 시든 잎과 가지를 잘라내고 좀 더 큰 화분에 옮겨 심어 실외의 그늘진 장소에 두도록 한다.

그리고 아잘레아를 구입할 때는 꽃이 만개한 것보다는 봉오리가 아직 남아 있고, 색이 비쳐 나오는 것을 고르는 게 좋다. 그러면 더 오랫동안 꽃을 감상할 수 있을 것이다.

칼라데아 마코야나

Calathea makoyana

영명 Peacock plant

분류 마란타과

원산지 아메리카 열대지역

빛 반음지

온도 18~27℃

병해충 응애, 개각충이 생길 수 있다.

관리 토양을 촉촉하게 관리한다. 실내 온도와 같은 온도의 물을 준다. 봄과 여름에는 희석시킨 액체비료를 2주 간격으로 준다. 자주 분무해준다.

용토 시판되는 일반 배합토에서 잘 자란다. 소금 결정에 약하기 때문에 수경재배를 하면 때때로 신선한 물로 자갈을 튀기듯이 깨끗이 씻어 소금 결정을 제거한다.

종합평가	5.0점
휘발성 화학물질 제거력	★★★★★
재배 및 관리의 용이성	★★★★
병해충에 대한 저항력	★★★★★★
증산율	★★★★★★

칼라데아 마코야나는 독특한 잎을 감상하기 위해 키우는 사람들이 많다. 이 식물은 종종 근연(近緣) 관계에 있는 마란타 레우코네우라와 혼동을 일으키기도 하지만, 마란타 레우코네우라와는 다른 자신만의 분명한 특징을 가지고 있다.

영어 이름인 'peacock plant(공작나무)'는 잎의 화려하고 아름다운 무늬가 공작새 꼬리의 무늬와 닮았다 해서 붙여진 명칭이다.

칼라데아 마코야나의 잎은 계란형을 하고 있으며 길이가 25~30cm 정도이다. 잎에는 짙은 녹색의 얼룩무늬들이 있고, 은색 바탕이 그 얼룩무늬들을 에워싸고 있다. 그리고 잎 가장자리는 얼룩무늬의 녹색보다 옅은 녹색으로 칠해져 있다.

칼라데아 마코야나는 온도, 습도, 수분 등에 조금이라도 변화가 있으면 잎이 말리거나 갈색으로 변하기 때문에 가정에서 기르기는 좀 어려운 식물이다.

그러나 최근에 강한 식물체의 조직 배양을 통해 개량된 품종이 나와서 가정의 실내환경을 좀 더 잘 견딜 수 있게 되었다. 또 절묘한 무늬의 예쁜 잎이 이 식물을 기르기 위해 쏟은 정성을 아깝지 않게 해줄 것이다.

알로에 베라

Aloe barbadensis

영명 Aloe vera

분류 백합과

원산지 남아프리카

빛 양지에서 반양지

온도 18~24℃(겨울밤에도 4℃ 이하로 떨어지면 안 된다)

병해충 해충이 거의 안 생긴다.

관리 봄에서 가을까지는 적당히 물을 주고 겨울에는 적게 준다. 비료는 봄과 여름에는 한 달 간격으로 주고, 가을과 겨울에는 주지 않는다.

용토 배수가 잘 되는 일반적인 배양토를 쓴다.

종합평가	5.0점
휘발성 화학물질 제거력	★★
재배 및 관리의 용이성	★★★★★★★★
병해충에 대한 저항력	★★★★★★★★
증산율	★★

알로에 베라는 약용식물로 유명하다. 이 식물은 민간의학에서 3000년 이상 화상 치료를 위해 바르는 약 또는 관절염 치료를 위해 마시는 약으로 널리 사용되어 왔다.

또한 알로에 베라는 화장품을 만드는 주재료로 사용되어 현재 수백 가지의 상품이 시중에 나와 있다.

다육식물인 알로에 베라는 뻣뻣하고 곧은 잎들이 무리지어 로제트형으로 자란다. 잎의 색상은 대개 밝은 녹색으로 표면에 하얀 반점들이 있다. 성숙하면 잎이 모두 회색으로 변한다.

대부분의 알로에종은 성숙하기 전에는 꽃을 피우지 않는다. 그리고 밑동 부분에서 돋아나오는 수많은 새순이나 어린잎들을 잘라서 꺾꽂이하여 쉽게 번식시킬 수 있다.

산세비에리아, 난류, 브로멜리아류와 마찬가지로 밤에 산소를 방출하고 이산화탄소를 흡수한다. 이러한 점을 고려할 때 알로에 베라를 침실에 두는 것도 좋을 듯싶다.

시클라멘

Cyclamen persicum

영명	Cyclamen
분류	앵초과
원산지	지중해 동부지역
빛	반음지
온도	16~22℃
병해충	응애류(거미 응애, 시클라멘 응애 등)가 생기기 쉽다.
관리	세심한 주의가 요구되는 식물이다. 가을에서 봄까지는 토양을 촉촉한 상태로 유지하고 휴면기인 여름에는 약간 습한 상태로 유지한다. 비료는 개화기에만 2주에 한 번씩 아프리칸 바이올렛용 액체비료를 2배로 희석하여 준다.
용토	아프리칸 바이올렛용 배합토가 가장 좋다.

종합평가	4.8점
휘발성 화학물질 제거력	★★★
재배 및 관리의 용이성	★★★★★
병해충에 대한 저항력	★★★★★★
증산율	★★★★★

시클라멘은 1900년 이후부터 계절에 따라 꽃을 피우는 식물로서 인기를 누려왔다. 시클라멘속에는 현재 약 15종이 있는데 그 중에서 실내식물로 가장 많이 이용되고 있는 것은 퍼시쿰(persicum)종이다.

시클라멘의 잎은 진한 녹색의 무늬가 들어간 하트 모양이며, 무성한 잎들 사이로 솟아올라 피는 꽃이 매우 화려하고 아름답다.

개화기가 9월에서 다음해 4월까지로 비교적 길며, 왜성종인 미니시클라멘이 더 오랫동안 꽃을 감상할 수 있는 것으로 알려져 있다. 마치 별똥별처럼 생긴 꽃은 흰색, 분홍색, 빨간색, 연어살색, 연보라색 등 색깔이 다양하다.

원래 산악지대의 삼림지역에서 서식하였기 때문에 온도가 서늘하고 공기 순환이 잘 되는 곳을 좋아한다. 그래서 따뜻한 거실보다는 서늘한 침실에서 더 오래 사는 경향이 있다. 난방기 등 열기가 나는 근처에는 절대 두지 말아야 한다. 환경조건이 잘 맞으면 수주일 동안 계속적으로 꽃을 피운다.

시클라멘을 구입할 때는 꽃봉오리의 색이 약간 보이기 시작한 것을 고르는 것이 좋다. 대부분의 사람들이 한번 꽃이 만개한 뒤에는 화분을 내다버리는데, 여러해살이 식물이기 때문에 꽃대가 더 이상 올라오지 않아도 잘 관리하면 다음해에도 꽃을 피운다.

아나나스

Aechmea fasciata

영명 Urn plant

분류 파인애플과

원산지 브라질

빛 반양지

온도 16~21℃

병해충 해충이 거의 생기지 않지만 환경이 안 좋으면 간혹 깍지벌레가 생길 수 있다.

관리 물은 표토가 어느 정도 건조해졌을 때 주되, 뿌리가 습한 상태를 유지할 정도로 준다. 비료는 봄과 여름에 2배로 희석한 액체비료를 토양에 준다.

용토 시중에서 판매되는 착생식물용 배합토가 가장 적당하고, 수경재배는 하지 않는 것이 좋다.

종합평가	4.8점
휘발성 화학물질 제거력	★★★
재배 및 관리의 용이성	★★★★★★
병해충에 대한 저항력	★★★★★★★★
증산율	★★

아나나스는 전체적인 외관이 수려한 식물이다. 포엽은 색깔이 선명하고 아름다우며, 잎들은 로제트상으로 포개져 자라 이 식물을 감상하는 재미를 더해준다. 관상기간이 긴 편인 이 식물은 최근 들어 인기가 상승하고 있다.

아나나스의 잎은 크고 단단하고 거칠며, 은색과 푸르스름한 녹색의 줄무늬가 들어가 있다. 잎의 가장자리에는 예리한 가시가 돋아나 있다. 이런 잎들이 로제트상으로 서로 겹쳐 있어서 줄기부분을 위에서 내려다보면 물을 담아두는 항아리처럼 보인다. 이러한 모습 때문에 영어 이름이 'urn plant(항아리 식물)'로 불리고 있는 것이다.

아나나스는 일생에 단 한 번만 꽃 즉, 포엽이 피는데 처음에는 포엽이 푸른색을 띠다가 점차 분홍색으로 변한다. 약 5년 정도 자라야 포엽이 생성될 수 있으며, 포엽이 피어나면 수주일 동안 지속된다. 잎과 줄기 사이의 겨드랑이 부분에서 발생되어 나오는 어린 순을 옮겨 심으면 새로운 식물체를 얻을 수 있다.

아나나스는 원래의 서식지인 열대 정글에서는 나뭇가지나 바위에 붙어 자라는 착생식물이다. 가정에서 이런 환경을 만들어 키우고 싶으면 철사를 이용하여 나뭇가지에 식물체를 붙인 후 뿌리를 물이끼로 감싸면 된다. 그러나 일반적으로 실내에서는 일반 화분을 사용하여 토양에서 키우는 것이 좋다.

자연에서 자랄 때에는 항아리 모양의 잎이 빗물을 담아두어 다음 비가 내릴 때까지 이용하며 살게 하는 역할을 했으나, 가정에서 기를 때에는 물이 고이게 할 필요는 없다.

튤립

Tulipa gesneriana

영명	Tulip
분류	백합과
원산지	유럽 동남부, 중앙아시아
빛	반양지에서 양지
온도	13~21℃
병해충	진딧물이 생길 수 있다.
관리	토양은 항상 촉촉한 상태를 유지해야 한다. 절대 건조해지지 않도록 관리한다.
용토	일반적인 화분용 배양토를 쓰거나 흙, 모래, 피트모스를 같은 비율로 혼합한 용토를 쓴다.

종합평가	4.7점
휘발성 화학물질 제거력	★★★★★★★
재배 및 관리의 용이성	★★★★
병해충에 대한 저항력	★★★★★
증산율	★★★

튤립은 겨울부터 봄까지 꽃봉오리나 꽃을 감상할 수 있는 분화식물이며, 딱딱하면서도 둥근 모양을 한 구근(球根, 알뿌리)에서 자라는 구근식물이다. 꽃의 색깔은 빨간색, 노란색 등의 단색부터 복색 또는 여러 색이 혼합된 색까지 매우 다양하다.

튤립은 대략 100여 종이 있으며 재배품종은 셀 수 없을 정도로 많다. 튤립은 네덜란드가 세계적으로 가장 유명하다. 네덜란드는 튤립 구근을 생산하여 세계시장에 공급하고 있으며, 우리나라도 대부분 네덜란드로부터 수입하여 재배하고 있다.

가정에서 키우려면 저온 처리를 하여 임시 화분에 심어 놓은 구근을 사는 것이 좋다. 저온 처리가 되지 않으면 싹이 잘 트지 않는다. 만약 저온 처리가 안 된 구근을 샀다면 화분에 심기 전에 2~5℃에서 최소한 2개월 이상 두어야 하다. 구근을 신문지에 싸서 냉장고에 넣어 두든지, 아니면 화분을 겨울철에 난방이 되지 않는 베란다나 실외에 두면 자연적으로 저온 처리가 된다.

튤립은 한철에만 꽃을 감상할 수 있지만, 꽃이 지고 난 후에도 물을 계속 주고 잎이 잘 자랄 수 있도록 햇빛이 잘 드는 곳에 두면 다음해에도 꽃을 볼 수가 있다. 튤립은 공기정화 능력이 우수한 실내식물이다. 특히 공기 중에 있는 포름알데히드, 크실렌, 암모니아 제거 능력이 뛰어나다.

팔레놉시스(호접란)

Phalenopsis sp.

영명 Moth orchid

분류 난과

원산지 인도 동부, 동남아시아, 인도네시아, 필리핀, 호주 북부, 뉴기니

빛 반음지

온도 낮 21~27℃, 밤 16~18℃

병해충 물을 너무 많이 주면 곰팡이성 병 발생의 원인이 되며, 공기가 너무 건조하면 개각충, 응애가 생길 수 있다.

관리 물을 충분히 준 후 용토가 마르면 다시 충분히 주는 형태를 반복하는 것이 좋다. 생육기에는 2주에 한 번씩 희석된 액체비료를 준다. 분무는 자주 해준다.

용토 시판되고 있는 양란 재배용 용토나 물이끼를 사용한다. 수경재배에서도 잘 자란다.

종합평가	4.5점
휘발성 화학물질 제거력	★★★
재배 및 관리의 용이성	★★★★★
병해충에 대한 저항력	★★★★★★★
증산율	★★★

실내에 팔레놉시스 꽃이 피어 있으면 이국적인 분위기를 자아내며 삭막한 겨울철에 따뜻한 봄의 숨결을 느끼게 한다. '호접란'이라는 이름으로 많이 알려져 있는 이 식물은 일 년 내내 꽃이 피어 있도록 유도할 수 있으며 난을 처음 기르는 사람들도 쉽게 키울 수 있다.

어떤 난보다도 실내환경에 잘 적응하며 공기 중에 있는 크실렌을 제거하는 데 상당한 효과를 발휘하는 실내식물이다.

영어 이름인 'Moth orchid(나비란)'는 나비를 닮은 꽃의 외모에서 유래되었다. 꽃의 크기는 5~7.6cm이고 색깔은 하얀색, 노란색, 분홍색, 붉은색, 보라색, 갈색, 녹색, 혼합색 등 다양하게 있다. 그리고 잎은 폭이 넓고 두꺼우며 가죽처럼 매끈하다.

팔레놉시스는 모든 잎이 단 하나의 줄기에서 자라나온다. 개화기가 끝난 다음에는 첫 번째 꽃이 나와 있는 마디(잎이나 가지가 나오는 부분) 바로 밑부분에서 잘라낸다.

적절한 조건이 충족되면 새로운 가지가 나와서 또다시 꽃이 피게 된다. 이런 방법으로 연중 꽃이 피게 할 수도 있다. 일반적인 가정의 실내환경에 적합하도록 개량한 교배종을 기르면 훨씬 관리가 용이하다.

칼랑코에

Kalanchoe blossfeldiana

영명	Kalanchoe
분류	꿩의 비름과
원산지	마다가스카르
빛	양지
온도	16~26℃
병해충	진딧물, 깍지벌레 등이 특히 잎의 뒷면에 자주 발생한다.
관리	3~8월까지는 2주 간격으로 비료를 준다. 겨울에 꽃을 피우기 위해서는 가을에 휴면시킬 필요가 있다. 물은 여름에는 적게 주고 겨울에는 거의 주지 않는다.
용토	토양재배(흙, 원예용 배양토) 또는 수경재배에서 모두 잘 자란다.

종합평가	4.5점
휘발성 화학물질 제거력	★★
재배 및 관리의 용이성	★★★★★★★
병해충에 대한 저항력	★★★★★★★
증산율	★★

칼랑코에는 연중 생산되지만 주로 가을과 겨울에 인기 있는 분화식물이다. 이 식물은 옹기종기 모여 있는 타원형의 녹색 잎들 사이로 솟아오른 가느다란 꽃대 위에 작고 예쁜 꽃들이 모여 하나의 꽃을 이루고 있다.

칼랑코에의 꽃 색깔은 많이 개량되어 빨간색, 노란색, 살구색, 오렌지색, 분홍색, 보라색 등 다양하게 있다.

잎이나 줄기 속에 많은 수분을 가지고 있는 다육식물인 칼랑코에는 다른 식물에 비해서 실내의 오염물질을 제거하는 능력이 낮다.

건조한 겨울철에도 물을 자주 줄 필요가 없어서 실내습도 증가에 그다지 효과를 발휘하지 못한다. 그럼에도 실내식물로서 인기가 있는 것은 기르기가 쉽고 관리하기도 편할 뿐만 아니라 꽃이 피었을 때 매우 아름다워서 겨울철 실내를 화사한 분위기로 바꿔주기 때문이다.

꽃이 진 후에는 꽃대를 잘라주고 새순이 나올 때까지 물을 주지 않도록 한다. 그리고 여름에는 실외나 베란다에 두어 햇빛을 충분히 받도록 하는 것이 좋다.

부록

- 농촌진흥청 선정 최고의 공기정화식물 Top5
- 공기정화식물 관련 주요 언론 기사자료
- 식물, 실내 '미세먼지' 줄이는 효과 있다
- 용어풀이
- 찾아보기

파키라

Pachira aquatica

영명 Money tree

분류 물밤나무과

원산지 열대아메리카, 멕시코

빛 반음지

온도 20~30℃(저온에 약하기 때문에 15℃ 이상을 유지하도록 한다)

병해충 건조기에 응애가 발생하기 쉽다.

관리 7~10일에 한 번 정도 표면의 흙이 말랐을 때 물을 준다. 5월에 한 번 완효성 고체비료를 준다. 고온 건조할 때는 잎에 물을 자주 분무해주는 것이 좋다.

파키라는 최근 우리나라 농촌진흥청이 발표한 미세먼지 제거 실내식물 Top5 중 1위를 차지한 최고의 기능성 공기정화식물이다. 농진청이 발표한 자료에 따르면, 초미세먼지가 300㎍/㎥ 수준인 방에 파키라를 놓고 4시간 뒤 농도를 측정한 결과, 파키라는 155마이크로그램(㎍)의 초미세먼지를 없앤 것으로 밝혀졌다. 파키라는 이산화탄소 제거, 음이온 방출, 전자파 차단 및 탄소 제거 능력이 있을 뿐만 아니라 증산작용이 활발해 실내 습도를 유지하는 데 상당히 도움이 되는 식물이다.

키는 30cm에서 최대 2m까지 다양하고, 줄기는 두꺼운 편이며, 밑으로 갈수록 점점 더 굵어져서 마치 고목과 같은 모습을 보인다. 부채 모양의 큰 잎이 이국적인 분위기를 자아내 실내 인테리어용으로도 매우 인기가 높다. 꽃은 크고 아름다우며, 열매는 식용도 가능한데 땅콩 맛이 난다.

파키라는 빛이 부족한 공간에서도 다른 식물보다 비교적 잘 견디기 때문에 실내에서 기르기 좋은 식물이다. 하지만 빛이 너무 많이 부족할 경우, 줄기의 마디와 잎자루가 길어져 엉성한 모양을 보인다. 원래 열대식물이기 때문에 추위에 약한 편이므로 온도 관리에 신경 쓴다. 건조해지지 않게끔 해주고, 잎에 물을 자주 뿌려주어 광택을 유지할 수 있도록 해준다.

백량금

Ardisia crenata

영명 Christmas berry

분류 자금우과

원산지 한국, 중국, 일본, 대만, 인도

빛 반음지

온도 16~20℃(겨울에는 5℃ 이상)

병해충 건조하면 진딧물, 깍지벌레가 생길 수 있다

관리 표면의 흙이 말랐을 때 물을 충분히 준다. 자주 분무해서 건조하지 않도록 관리한다.

백량금은 광택이 있는 잎과 빨간 열매가 매우 예쁘고 이국적이어서 관상용으로 인기가 높은 식물이다. 미세먼지 제거 능력이 탁월할 뿐만 아니라 건축자재나 가구 접착제 등에서 발생하는 포름알데히드와 같은 유독물질 제거에도 상당히 효과적이어서 호흡기 질환자나 새집증후군 예방에 더없이 좋은 실내공기정화식물이다.

햇빛을 좋아하는 식물이기 때문에 창가 등 빛이 잘 들어오는 곳에 놓는 것이 좋은데 이런 곳에 두면 열매도 더 많이 생긴다.

짙은 초록색의 잎은 긴 타원형인데 가장자리는 톱니 모양을 하고 있다. 잎자루의 길이는 대략 5~10mm이다. 6~8월 사이 흰 바탕에 검은색 점이 있는 꽃이 가지와 줄기 끝에 피는데, 향기는 거의 나지 않는다. 열매는 9월에 빨갛게 익으며 다음 해 꽃이 필 때까지 떨어지지 않는다.

실내에서 키우면 대략 50cm 정도까지 자라며, 성장은 좀 느린 편이나 기르기

비교적 쉬운 식물이다. 건조하면 줄기나 잎의 뒷면에 진딧물, 깍지벌레 등이 생길 수 있으므로, 잎이 건조하지 않게 자주 분무해주고, 흙의 표면이 말랐을 때 물을 넉넉히 주도록 한다.

멕시코소철

Zamia furfuracea

영명 Sago palm

분류 소철과

원산지 멕시코, 자메이카, 콜롬비아, 코스타리카, 쿠바, 브라질, 페루, 도미니카 공화국

빛 양지, 반양지

온도 10℃ 이상

병해충 응애와 깍지벌레가 생길 수 있다.

관리 표면의 흙이 거의 말랐을 때 물을 넉넉하게 준다. 한 달에 한 번 액체비료를 준다. 너무 건조하면 잎이 누렇게 변할 수 있으니 주의해야 한다.

열대 및 아열대 지역에 수십 종이 분포하는 멕시코소철은 수억 년 전부터 존재하던 화석식물의 표본이다. 긴 타원형의 잎이 이국적인 분위기를 자아내기 때문에 가정이나 사무실에서 인테리어용으로 기르기 좋다. 시중에서 쉽게 구할 수 있고, 생명력이 강할 뿐만 아니라 미세먼지 제거 효과가 매우 뛰어난 식물 중 하나로 알려지면서 실내식물용으로 더욱 많은 사람들이 찾고 있다.

골판지처럼 딱딱한 반광택의 잎은 앞뒤에 잔털이 있는데, 각종 곰팡이나 세균 등으로부터 스스로를 보호하는 역할을 하는 것이므로 닦아내지 않도록 한다. 새로 나온 싹은 매우 연한 황록색이나 연녹색을 띠지만 오래된 잎일수록 짙은 녹색으로 차츰 변한다.

멕시코소철은 물을 매우 좋아하는 식물로, 너무 건조하면 잎이 누렇게 변색될 수도 있으니 건조해지지 않게끔 관리하는 것이 중요하다. 또한 배수층을 충분히

깔아주어 물이 잘 빠질 수 있도록 한다.

실내 유해물질인 포름알데히드 제거 능력이 상당히 뛰어나 새집증후군에 시달리는 사람들에게 추천하기 좋은 공기정화식물이다.

박쥐란

Platycerium bifurcatum

영명 Staghorn fern

분류 고란초과

원산지 호주와 아메리카 및 아시아 열대지역

빛 반음지

온도 16~20℃(월동 온도 13℃ 이상)

병해충 응애, 개각충, 깍지벌레, 진딧물이 생길 수 있다.

관리 봄, 여름, 가을에는 토양을 되도록 촉촉하게 유지하도록 한다. 겨울에는 표면의 흙이 말랐을 때 물을 넉넉히 주는 것이 좋다. 분무는 자주 해주는 것이 좋고, 특히 무더운 여름철에는 더 자주 분무해준다.

열대와 온대지역이 원산지인 박쥐란은 나무에 붙어 자라는 착생관엽식물이다. 잎의 생김새가 박쥐의 날개를 닮아 '박쥐란'이라고 불리며, 외국에서는 수사슴의 뿔 모양과 닮았다 하여 'staghorn fern'이라고 불리기도 한다.

박쥐란은 공기정화에 탁월한 효과를 보이는 식물로, 최근 우리나라 농촌진흥청이 발표한 미세먼지 제거 5대 실내식물 중 하나로 선정되기도 했다. 개성 강한 독특한 생김새로 많은 사람들이 실내 인테리어용으로 즐겨 찾고 있으며, 화분에 심기도 하지만 최근에는 공중에 걸어놓는 '행잉플랜트(공중식물)'로서도 많은 인기를 얻고 있다.

박쥐란은 덩어리 같은 뿌리줄기에서 두 가지 잎이 모여 나오는 독특한 식물로, 잎은 자세히 보면 많은 털로 덮여 있으며 자라면서 끝이 차츰 사슴뿔처럼 갈라지고 늘어져서 황갈색으로 바뀐다. 갈라진 잎의 길이는 대략 10cm, 폭은 4cm 정도이다.

습기를 좋아하는 식물로 건조한 곳보다는 습한 곳에 놓아두면 잘 자라고, 잎에 자주 분무해주는 것이 좋다. 무엇보다 통풍이 중요한 식물이므로, 통풍이 잘 되는 반그늘에서 기르도록 하며, 직사광선은 피한다.

율마

Cupressus macrocarpa

영명	Monterey cypress
분류	측백나뭇과
원산지	북아메리카
빛	양지, 반양지
온도	15~23℃ 이상
병해충	응애와 청벌레, 진딧물, 깍지벌레가 생길 수 있다.
관리	봄과 여름, 가을에는 표면의 흙이 말랐을 때 물을 충분히 주도록 한다. 겨울에는 건조하게 관리하는 것이 좋다. 어린 나무일수록 물을 자주 주는 편이 좋다.

율마는 바늘 모양의 잎과 황금빛 모습이 매우 독특하고 아름다울 뿐만 아니라 머리를 맑게 하는 피톤치드를 발생시켜 분화용으로 인기가 높은 식물이다. 실내 공기 오염물질인 포름알데히드 제거력이 매우 뛰어나며, 최근에는 농촌진흥청 선정 미세먼지 제거 능력이 탁월한 다섯 가지 식물 중 하나로 알려지면서 많은 사람들이 공기정화용으로 즐겨 찾고 있다.

손으로 가볍게 쓰다듬으면 싱그럽고 향긋한 레몬향이 나 기분을 좋게 만든다. 유럽에서는 오일을 채취하거나 원예 치료에 쓰기도 하며, 최근에는 전나무 대신 크리스마스 트리용으로 사용하기도 한다.

물에 대한 스트레스가 심하고, 햇빛과 통풍 관리에 신경 쓰지 않으면 쉽게 시들어버리므로 처음 식물을 기르는 사람에게는 키우기가 쉽지 않다. 건조와 추위에 비교적 강한 편이지만 너무 오랜 시간 영하의 기온에 노출되면 얼어 죽을 수도 있으니 관리에 주의해야 한다. 또 한쪽만 햇볕을 많이 받게 되면 갈변되기 쉬우므로 골고루 햇볕을 받게끔 하고, 통풍이 잘 되는 곳에 놓아둔다.

미세먼지 공포의 나흘…
공기정화식물 119% 더 팔렸다

"미세먼지 걱정에 난생처음 화분을 들였습니다."

"보기 좋고 실내 정화 효과도 커"

아레카야자 · 벵갈고무나무 등 비싼 공기청정기 대안으로 인기

요즘 소셜미디어에는 이런 후기가 자주 등장한다. 미세먼지를 피해보려는 몸부림에 공기정화에 효과가 있다고 알려진 식물 판매가 훌쩍 뛰었다. 16일 11번가에 따르면 미세먼지가 극성을 부린 11~14일 공기정화식물 거래가 전년 동기 대비 119% 증가했다. 전월 동기와 비교했을 때는 59%, 전주보다는 44% 늘어났다.

각 온라인쇼핑몰은 마스크와 공기청정기 등을 모아 둔 미세먼지 코너에 정화식물을 빼놓지 않는다. 11번가 관계자는 "흙 없이도 키울 수 있게 벽에 부착하거나 천장에 거는 '행잉 플랜트(공중식물)'가 인테리어 효과도 좋아 인기"라고 말했다.

정화작용이 뛰어난 가장 대표적인 식물은 아레카야자다. 줄기와 잎자루가 황색이어서 '황야자'라고도 불린다. 미 항공우주국(NASA)이 포름알데히드 제거 능력이 우수하다고 분석했다. 높이 1m 이상이며 음이온과 실내 습도를 높인다. 1.8m 높이의 아레카야자는 하루에 수분 1리터를 공기에 뿜는다. 중대형 기준으로 5만~20만 원이다. 가격이 100만 원 이상인 공기청정기를 방마

다 둘 수 없을 경우 부담 없는 대안이다.

산호수도 인기 공기정화식물이다. 2016년 농촌진흥청 실험에서 실내 초미세먼지 제거 효과가 가장 좋은 것으로 나왔다. 빈방에 미세먼지를 투입하고 4시간 뒤 측정했더니 산호수를 들여놓은 방에서는 2.5㎛ 이하의 초미세먼지가 70% 줄었다. 음이온 · 습도 발생량도 우수해 공부방에 두면 집중력 향상에 도움이 된다고 알려져 있다. 작은 크기의 산호수는 1만 원대 미만, 빨간 열매가 달린 경우 조금 더 비싸다. 농진청 실험에서 벵갈고무나무도 산호수만큼 미세먼지 제거 능력이 탁월했다.

이밖에 꽃을 감상할 수 있고 지하 공간에서도 15일 이상 견디는 스파티필럼, 밤에 오염물질을 정화해 침실에 두기에 적합한 스투키, 천장에 매달아 키울 수 있는 틸란드시아, 병해충에 강한 테이블야자, 미세먼지뿐만 아니라 일산화탄소 제거 능력도 좋아 부엌에 두기 좋은 스킨답서스가 공기정화식물로 인기가 좋다.

출처 : 〈중앙일보〉

파키라 · 백량금 등 식물, 미세먼지 줄이는 데 효과

농진청의 4년간 연구결과에 따르면, 파키라, 백량금, 멕시코소철 등 우리 주변에서 쉽게 구할 수 있는 식물들이 미세먼지를 줄이는 데 효과가 있다고 밝혀졌다.

27일 농촌진흥청은 4년 동안 여러 종의 실내식물을 대상으로 한 미세먼지 저감 효과 연구 결과를 공개했다. 실험은 미세먼지를 공기 중으로 날려 3시간 둔 뒤, 가라앉은 큰 입자는 빼고 초미세먼지(PM 2.5)를 300㎍/㎥ 농도로 식물 있는 밀폐된 방과 없는 방에 각각 넣고 4시간 동안 조사하는 방식으로 진행됐다.

농진청은 "미세먼지를 맨눈으로 볼 수 있는 '가시화 기기'를 이용했더니 식물이 있는 방에서 초미세먼지가 실제로 줄어든 것을 확인했다"고 밝혔다. 4시간 동안 줄어든 초미세먼지 양을 보면 파키라(155.8㎍/㎥), 백량금(142.0㎍/㎥), 멕시코소철(140.4㎍/㎥), 박쥐란(133.6㎍/㎥), 율마(111.5㎍/㎥) 등이 효과가 우수했다.

농진청은 "초미세먼지 '나쁨'(55㎍/㎥) 기준 20㎡ 면적의 거실에 잎 면적 1㎡ 크기의 화분 3~5개를 두면 4시간 동안 초미세먼지를 20%가량 줄일 수 있다"고 설명했다. 실내에 공간 부피 대비 2%의 식물을 넣으면 12~25%의 미세먼지가 줄어들기에 기준을 20%로 잡고 적합한 식물 수를 조사했다. 앞으로 추가 연구를 통해 30%까지 줄일 계획이다.

또 농진청은 전자현미경으로 잎을 관찰한 결과, 미세먼지를 줄이는 데 효율적인 식물의 잎 뒷면은 주름 형태, 보통인 식물은 매끈한 형태, 효율이 낮은 식물은 표면에 잔털이 많은 것으로 확인됐다. 잔털은 전기적인 현상으로 미세먼지 흡착이 어려운 것으로 추정된다.

농진청은 앞서 식물의 공기정화 효과를 높이고자 공기를 잎과 뿌리로 순환시키는 '식물 공기청정기'인 '바이오월'도 개발한 바 있다. 바이오월은 시간당 미세먼지 저감량이 232㎍/㎥에 달해 화분 식물 33㎍/㎥보다 7배나 많았다.

출처 : 〈문화일보〉

올해 잦은 미세먼지에 공기정화식물 판매량 23% 증가

잦은 미세먼지와 황사 탓에 공기정화에 효과가 좋은 식물들의 판매량이 늘어났다.

농림축산식품부와 한국농수산식품유통공사(aT)가 꼽은 공기정화식물 6종의 판매량은 아이비

12만 1천 개, 스킨답서스 5만 1천 개, 스파티필럼 4만 2천 개, 테이블야자 2만 개, 벵갈고무나무 1만 1천 개, 황야자 1만 개 등 순이었다.

이들 식물은 잎을 통한 오염물질 제거 능력이 탁월하고, 미세먼지를 줄여 실내공기정화 효과가 뛰어난 것으로 알려졌다.

벵갈고무나무는 음이온 발생량이 가장 많은 식물 중 하나이고, 스킨답서스는 일산화탄소 제거 능력이 가장 뛰어난 것으로 평가된다. 황야자(아레카야자)는 아토피를 유발하는 폼알데하이드 제거 능력이 가장 우수하고, 스파티필럼은 벤젠, 폼알데하이드 등 오염물질을 제거하는 능력이 탁월하다. 테이블야자는 독소가 없어 반려동물과 함께 키우기 좋고, 아이비는 습도 증가량이 많아 아이들 공부방에 놓으면 좋다고 농식품부는 소개했다.

농식품부 관계자는 "봄을 맞아 미세먼지와 스트레스에 지친 심신에 안정을 주고 공기청정기 역할도 하는 식물을 키우는 것을 추천한다"고 말했다.

출처 : 〈연합뉴스〉

미세먼지 걱정 싹 없애주는 '공기청정 인테리어'

꽃피는 봄. 이사를 하거나 집을 꾸미기 좋은 계절이 다가왔다. 하지만 상쾌한 봄맞이 인테리어를 망치는 주범이 있다. 날이 갈수록 거세지고 있는 미세먼지다. 실내공기 오염 문제가 대두되면서 요즘은 깔끔한 공간 연출뿐만 아니라 깨끗한 실내공기를 유지하는 것도 인테리어의 요건이 되고 있다.

전문가들 역시 집 안이 쾌적하지 못하면 집꾸미기 효과가 반감된다고 지적한다. 인테리어 서비스를 제공하는 한 관계자는 "눈에 보이는 장식 효과도 중요하지만 혼탁한 공기나 악취, 패브

릭 등이 불결하면 아무 소용이 없다"고 했다.

이렇게 맑은 실내에 대한 요구가 커지자 지난 몇 년 사이 혼탁해진 집 안 공기를 사수하기 위한 공기청정 아이템들이 눈길을 끌며 인테리어 필수품으로 부상하고 있다.

인테리어 역할 톡톡히 하는 공기정화식물

값비싼 공기청정기가 부담스러운 사람들은 공기정화식물을 활용하기도 한다. 식물의 공기정화 능력은 미항공우주국 나사(National Aeronautics and Space Administration)가 입증한 바 있다. 나사는 1980년, 좁은 우주선에서 우주 비행사들이 가급적 오래 생존할 수 있는 방안을 연구하며 공기정화 능력을 가진 50가지 식물들을 발표했다. 이 식물들은 밀폐된 공간의 미세먼지를 비롯해 각종 유해한 화학물질을 제거하는 효과가 있다고 설명했다.

또 인테리어 효과까지 뛰어나 두 마리 토끼를 모두 잡는 아이템으로 더욱 사랑받고 있다. 지난해 글로벌 색채전문기업 팬톤(PANTONE)이 녹색 계열의 그리너리(Greenery) 컬러를 트렌드색으로 선정하면서 녹색식물을 활용한 인테리어가 주목받기 시작했다.

나사의 공기정화식물 순위에서 1위를 차지한 아레카야자(Areca palm)는 공기정화는 물론 습도 조절 능력 또한 매우 뛰어나 목감기나 코감기에 효과적이다. 초보자도 쉽게 키울 수 있는 식물이면서도 유해물질 제거 효과가 뛰어나 일순위로 선정됐다.

이산화질소나 암모니아를 흡수하고 새집증후군 냄새를 잡는 데 탁월한 고무나무는 빛이 부족하거나 온도가 낮은 실내에서도 기르기 쉽다. 또 틸란드시아(Tillandsia)는 수염에 기공이 많아 다른 식물들보다 미세먼지를 많이 흡수한다. 공기 중 먼지와 수분을 먹고 살기 때문에 관리가 쉬운 편이다. 예쁜 접시에 올려두거나 거꾸로 매다는 등 취향에 맞게 다양한 인테리어 소품으로도 활용이 가능하다.

일반적으로 식물을 통해 미세먼지 제거 효과를 얻으려면 평균적으로 3.3㎡당 1개의 화분을 놓는 것이 좋다고 알려져 있어 여러 종을 집 안 곳곳에 배치하면 좋다. 이때 식물 특성을 고려해 배치하면 더욱 효과적으로 활용할 수 있다.

아레카야자나 남천, 행운목 같은 종류들은 휘발성 유기화합물을 제거하는 데 탁월해 활동을 많이 하는 거실에 어울린다. 스킨답서스(Scindapsus)를 주방에 두면 요리할 때 많이 나오는 일산화탄소를 흡수한다. 또 선인장이나 다육식물은 밤에 공기정화 효과가 커 침실이나 소파 등 휴식하는 공간에 두는 것이 적합하다.

출처 : 〈조선일보〉

몸과 마음 오염도 100배 사무실 공기, 잔뿌리 식물로 정화하세요

실내공기 바깥보다 최고 100배 오염

건물에서는 수많은 오염물질이 나온다. 난방장치의 곰팡이, 깔개, 카펫, 복사기 등의 포름알데히드(휘발성오염물질), 단열재와 바닥 등 건축 자재의 석면과 라돈가스 등 갖가지 화학물질이 사무실 근무자의 건강을 위협한다.

김수민 숭실대 건축학부 교수는 최근 국회에서 열린 토론회에서 "현대인은 하루 중 70~90%의 시간을 실내에서 보내는데 실내공기는 바깥 공기보다 최고 100배 정도 오염돼 있다"고 지적했다.

먼지, 이산화탄소 등과 같은 일반적 대기 오염물질 외에도 건축 자재나 가구 등에서 유해물질이 지속적으로 배출되기 때문이다.

복사기와 레이저 프린터도 문제다. 이들 사무기기는 고온으로 작동하는 과정에서 오존을 내놓는다. 오존은 피부와 폐를 자극하고 천식을 일으키는 대기오염 물질이다.

미국 환경보호청(EPA)은 실내에서의 오존 노출이 실외보다 100배나 많다고 밝혔다. 일부 레이저 프린터 토너에서는 미세먼지도 나온다. 초미립자 형태의 미세먼지는 폐 깊숙이 침투해 폐를 손상한다.

잔뿌리 많은 식물이 공기정화에 좋아

실내공기 오염을 막는 확실한 방법은 창문을 열고 환기를 자주 하는 것이다. 하지만 에너지를 생각하면 냉난방을 하는 여름과 겨울에는 창을 열기가 쉽지 않다. 이 경우 공기청정기를 사용하거나 공기정화식물을 들여놓으면 실내공기 오염을 줄이는 데 효과가 있다.

농촌진흥청 원예연구소 연구 결과, 밀폐된 공간에 야자류, 관음죽, 팔손이나무 등을 넣고 포름알데히드 2ppm을 처리토록 하면 4, 5시간 만에 30% 수준인 0.7ppm까지 떨어지는 것으로 나타났다.

흔히 빌딩증후군을 없애려면 잎이 커다란 식물이 좋을 것이라고 생각하기 쉽지만 과학자들은 큰 잎보다는 잔뿌리가 많은 식물을 곁에 두라고 조언한다.

김광진 농촌진흥청 박사는 "잔뿌리가 많은 식물은 미생물이 살 수 있는 공간이 많아 유해 물질을 잘 제거한다"며 "아레카야자이나 관음죽, 자생식물인 팔손이나무 등은 잔뿌리가 많은 데다 잎도 커 공기정화식물로 적당하다"고 말했다.

집이나 사무실에 얼마나 많은 식물을 놓아야 공기를 정화할 수 있을까. 김 박사는 "3.3㎡(1평)당 식물 1개 정도면 정화 효과가 충분하다"고 말했다. 일반 거실 크기인 20㎡에는 1m가 넘는 식물은 3.6개, 그보다 작은 것은 7.2개 정도가 적당하다.

한 종류의 식물보다 다양한 식물을 함께 키우면 더욱 효과적이다. 식물에 따라 잘 제거하는 유해물질이 다르기 때문이다. 침실에는 밤에 광합성을 하는 선인장, 호접란, 산세비에리아 등과 같은 다육식물이 좋다.

화장실에는 냄새를 잘 없애는 관음죽, 스파티필럼, 테이블야자, 네프로네피스가, 요리하면서 일산화탄소가 많이 생기는 부엌엔 덩굴류 식물인 스킨답서스가 적당하다.

벤자민은 아황산가스, 이산화질소, 오존 등을 제거하는 능력이 뛰어나다. 팔손이나무는 빛이 있어야 잘 자라므로 베란다에 놓아둬야 한다. 이 나무는 외부에서 들어오는 매연과 미세먼지를 없애준다.

출처 : 〈한국일보〉

미세먼지 먹는 반려식물과 동거해볼까?

식물을 죽이지 않으려면…"식물은 당신이 성실할수록 오래 산다"

"매화도 한철, 국화도 한철"이라고 했다. 꽃과 풀은 그렇게 덧없이 시들거나 죽고 말기에 마음 쏟지 않아도 그만인 존재였다. '반려식물'로 인정받기 전에는. 초록 식물은 지친 시신경을 쉬게 하고, 상처 난 마음을 위로한다. 더구나 미세먼지와 유해화학물질을 먹어 치운다. 숨 쉬는 게 공포인 요즘, 이렇게 기특한 동무가 있을까.

미세먼지, 정말 없어질까?

초록 식물이 공기를 맑게 하고 미세먼지를 빨아들인다는 건 그저 옛말이 아니라 팩트다. 미항공우주국(NASA)은 1989년 우주 정거장 같은 밀폐된 공간의 공기정화 방법을 연구하다 식물이 포름알데히드, 벤젠, 트라이클로로에틸렌 등 유해 화합물을 제거한다는 사실을 과학적으로 입증했다. 이후 '식물의 능력'에 대한 연구가 쏟아졌다. 농촌진흥청은 최근 식물의 미세먼지 제거 효능을 연구했다. 빈방에 산호수와 벵갈고무나무를 4시간 뒀더니 미세먼지가 약 70% 줄었다. 이남숙 이화여대 에코학부 교수는 "식물에서 나오는 음이온이 양이온인 미세먼지를 없앤다"며

"잎과 뿌리의 미생물이 오염물질을 흡수하고, 이 오염물질은 광합성에 이용되거나 미생물이 제거한다"고 설명했다.

식물이 건강에 좋다고 집 안을 식물원으로 만들 수는 없는 노릇. 식물을 얼마나 많이 키워야 하는 걸까. 농촌진흥청은 "20㎡(약 6평) 거실 기준으로 키가 100cm 넘는 식물은 3.6개, 30~100cm짜리는 7.2개, 30cm보다 작은 건 10.8개를 둬야 공기정화 효과를 볼 수 있다"고 했다. 식물에 치일 정도는 아니다. 사무실 공간의 2%에 해당하는 정도의 식물을 두면 휘발성유기화합물을 절반 이하로 줄일 수 있다고 한다. 또 실내습도를 10% 올리려면 공간의 9%를 식물로 채워야 한다.

출처 : 〈한국일보〉

파키라 · 백량금 · 율마 인기몰이 중…
미세먼지 잡는 식물로 각광

농촌진흥청(이하 농진청)이 파키라와 백량금 등 실내 미세먼지와 공기정화에 효과가 큰 식물 5종을 새로 찾아냈다.

26일 농진청에 따르면 파키라, 백량금, 멕시코소철, 박쥐란, 율마 등의 식물이 미세먼지 저감 효과가 뛰어난 것으로 밝혀졌다. 농진청은 초미세먼지가 나쁨인 날, 20제곱미터(㎡) 크기 거실에 잎 면적 1㎡의 화분을 3개에서 5개 정도 두면 4시간 동안 초미세먼지를 20% 줄일 수 있는 것으로 분석했다.

앞서, 2009년 미항공우주국(NASA)에서는 실내공기 오염을 줄이는 공기정화식물 Top10을 발표했다.

1위는 아레카야자로 병충해에 강하며 실내 환경에 적응력이 좋아 초보자도 쉽게 키울 수 있다. 최고 1.8m 정도까지 자라면 하루 동안 1리터의 수분을 내뿜을 수 있어 '천연 가습기'로도 불린다.

2위는 관음죽, 3위는 '대나무야자'로 불리는 리드야자, 4위는 인도고무나무, 5위는 드라세나 자넷 크레이그, 6위는 아이비, 7위는 피닉스야자, 8위는 피쿠스 아리, 9위는 보스톤고사리, 10위는 스파티필럼 등으로 정해졌다.

출처 : 〈매일신문〉

식물, 실내 '미세먼지' 줄이는 효과 있다

- 거실(20m²)에 잎 면적 1m²의 화분 3~5개면 초미세먼지 20% 줄어 -

□ 농촌진흥청(청장 김경규)은 4년 동안 여러 종의 실내식물을 대상으로 연구한 결과 식물이 실내 미세먼지를 줄이는 데 효과가 있음을 과학적으로 밝혀냈다.

□ 실험은 챔버에 미세먼지[1])를 공기 중에 날려 3시간 둔 후 가라앉은 큰 입자는 제외하고 초미세먼지(PM 2.5)만 300㎍/㎥ 농도로 식물 있는 밀폐된 방과 없는 방에 각각 넣고 4시간 동안 조사했다.

○ 미세먼지를 육안으로 볼 수 있는 가시화 기기를 이용해 식물이 있는 방에서 초미세먼지가 실제 줄어든 것을 확인했다.

가시화 기기로 본 초기 초미세먼지 농도

식물 있는 방 4시간 후 초미세먼지 농도

○ 또한 초미세먼지를 없애는 데 효과적인 식물도 선발했다. 이는 잎 면적 1m² 크기의 식물이 4시간 동안 줄어든 초미세먼지 양 기준이다.

1) 먼지는 입자의 크기에 따라 지름이 10㎛ 이하인 미세먼지(PM 10), 지름이 2.5㎛ 이하(PM 2.5)인 초미세먼지로 나뉜다.

- 우수한 식물은 파키라(4시간 동안 줄어든 초미세먼지 양 155.8ug/m³), 백량금(142.0), 멕시코소철(140.4), 박쥐란(133.6), 율마(111.5) 5종이다.

* 대기오염 정도 기준(㎍/㎥) : 초미세먼지 '좋음' 0~15, '보통' 16~35, '나쁨' 36~75, '매우 나쁨' 76 이상

잎 면적 1m²인 화분 크기 예시

○ 초미세먼지 '나쁨(55㎍/㎥)'인 날 기준, 20m²의 거실에 잎 면적 1m² 크기의 화분 3~5개를 두면 4시간 동안 초미세먼지를 20% 정도 줄일 수 있다.

- 생활공간에 공간부피 대비 2%의 식물을 넣으면 12~25%의 미세먼지가 줄어들기에 기준을 20%로 잡고 적합한 식물 수를 조사했다. 앞으로 추가 연구를 통해 30%까지 줄일 계획이다.

* 국가의 미세먼지 저감 목표 30%임

○ 전자현미경으로 잎을 관찰한 결과, 미세먼지를 줄이는 데 효율적인 식물의 잎 뒷면은 주름 형태, 보통인 식물은 매끈한 형태, 효율이 낮은 식물은 표면에 잔털이 많은 것으로 확인됐다. 잔털은 전기적인 현상으로 미세먼지 흡착이 어려운 것으로 추정된다.

□ 앞서 농촌진흥청에선 식물의 공기정화 효과를 높이기 위해 공기를 잎과 뿌리로 순환하는 식물-공기청정기인 '바이오월'을 개발한 바 있다. 바이오월은 공기청정기처럼 실내공기를 식물로 순환시켜 좀 더 많은 공기를 정화하는 효과가 있다.

바이오월

○ 바이오월을 이용하면 화분에 심어진 식물에 비해 미세먼지 저감 효과가 약 7배 정도 높다. 화분에 심어진 식물의 시간당 평균 저감량은 33㎍/㎥인데 반해, 바이오월은 232㎍/㎥이다.

□ 농촌진흥청 국립원예특작과학원 정명일 도시농업과장은 "미세먼지를 줄이는 데 우수한 식물 선정과 효율을 높이는 시스템 개발뿐만 아니라 사무공간과 학교에 적용하는 그린 오피스, 그린 스쿨 연구를 추진하고 있다"라고 전했다.

참고 자료

참고 1 미세먼지 저감 식물 연구 결과

□ 실험 개요

식물별 미세먼지 저감 효율 측정

식물-공기청정기 바이오월 미세먼지 저감 효율 측정

□ 미세먼지 저감에 효과 있는 식물 'Top5'

파키라 백량금 멕시코소철

박쥐란 율마

- 미세먼지 저감 식물별 거실 넓이에 필요한 화분 개수

식물명		거실 넓이에 필요한 화분 개수
유통명	학명	
파키라	*Pachira aquatica*	3.4
백량금	*Ardisia crenata*	3.7
멕시코소철	*Zamia furfuracea*	3.8
박쥐란	*Platycerium bifurcatum*	4.0
율마	*Cupressus macrocarpa*	4.7

* 초미세먼지 나쁨(55㎍/㎥)인 날 넓이 20m2의 거실에 4시간 동안 20% 줄이는 데 필요한 잎 면적 1m² 크기의 화분 개수

□ 식물-공기청정기 바이오월

바이오월　　　　바이오월 유체 흐름

○ 공기정화식물 효율을 높이기 위해 공기청정기 기능과 결합한 바이오월 개발(기술이전('13년 이후 누적) : 19건)

* 잎 → 토양 → 뿌리 미생물 오염공기 순환 시스템('13~'18 특허 7건)

○ 건물 공조시스템 융합형 바이오월(Bio wall) 개발('18, 특허)

- 건물 아트리움, 현관 등에 설치한 벽면녹화와 건물 공조시스템을 연결

○ 사무실, 가정에서 활용할 수 있는 소형 바이오월 개발('18, 국제 특허)

○ 파급효과

- 생활공간에서 식물 소비 촉진을 통한 농가소득 증대

  : 화훼농가 생산액 : 6,332억 원 → 8,180억 원

- 실내 그린 인프라 구축으로 쾌적한 환경조성 및 건강증진

  : 실내 벽면을 활용함으로써 공간 활용 효율 증진

○ 바이오월 미세먼지 저감 효율

- 바이오월 1m²의 2시간 동안 초미세먼지(PM2.5) 저감량은 464$\mu g/m^3$로 시

간당 저감 효율은 232㎍/㎥이다.

* 실험 챔버 내에서 2시간 동안 거의 대부분의 미세먼지를 제거하므로 그 이후에는 저감할 미세먼지가 없기 때문에 처음 2시간 동안이 의미가 있어서 2시간으로 계산함

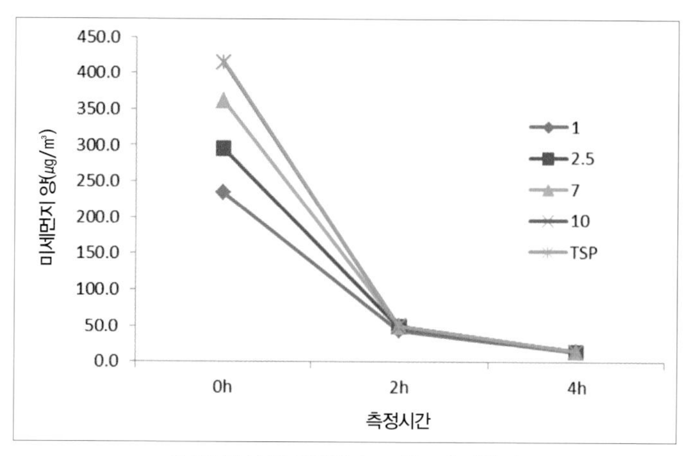

바이오월 4시간 동안 입자 크기별로 측정한 값

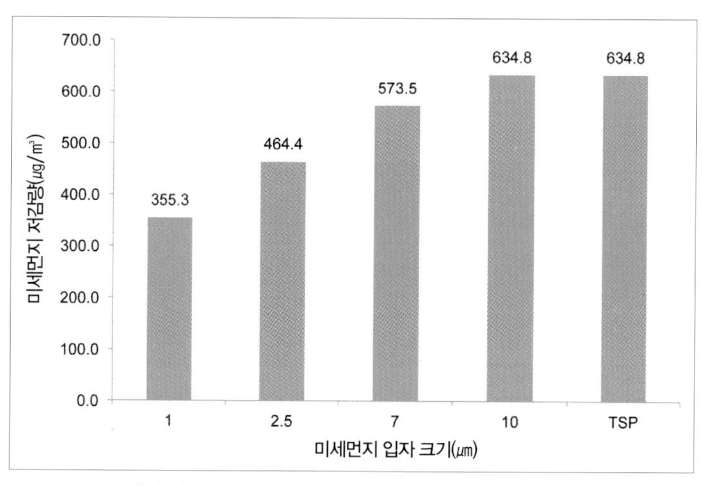

바이오월 1㎡가 2시간 동안 입자 크기별로 줄인 미세먼지 양

참고 2 잎 뒷면 전자현미경 사진

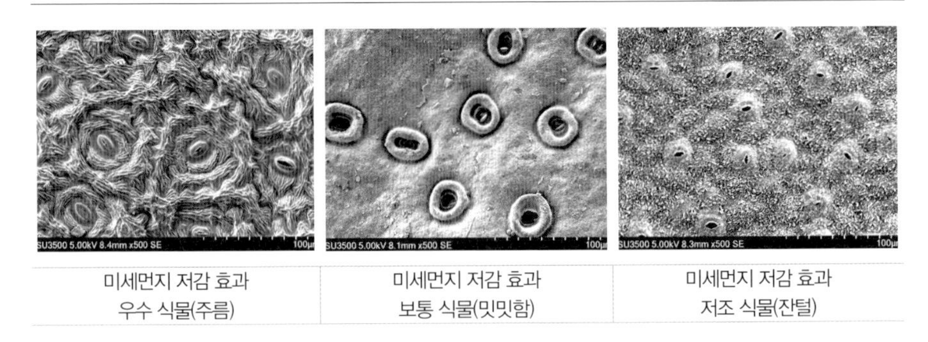

미세먼지 저감 효과 우수 식물(주름)	미세먼지 저감 효과 보통 식물(밋밋함)	미세먼지 저감 효과 저조 식물(잔털)

○ 식물의 잎 뒷면에 주름이 있는 형태가 잔털이 많은 것보다 미세먼지 흡착에 더 효과적인 것으로 나타났다. 너무 많은 잔털은 정전기적인 현상에 의해 미세먼지 흡착이 어려운 것으로 보인다.

참고 3 미세먼지 가시화 장치를 활용한 육안 관찰

	화분	바이오월
초기		
4시간 후		

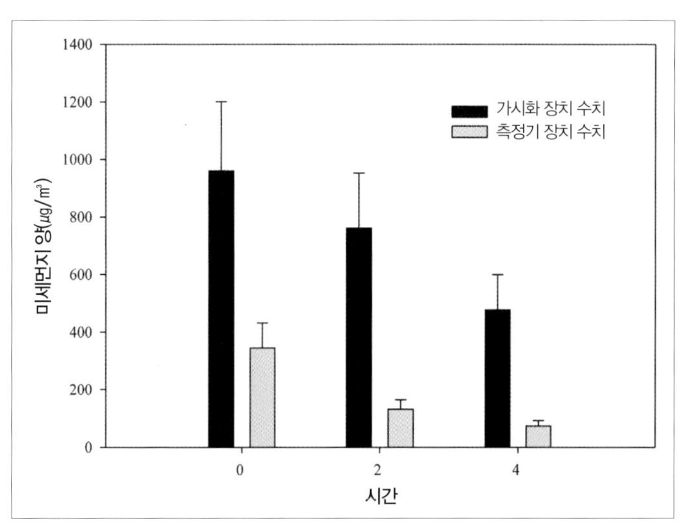

미세먼지 가시화 장치와 측정기를 활용한 미세먼지 저감 경향 비교

- 가시화 장치 수치는 실제 미세먼지 값은 아니며 기기 설정에 따라 달라지는 특정한 수치이다. 따라서 미세먼지 측정기로 측정한 값과 경향이 같은지를 보여주는 그래프임

〈묻고 답하기〉

Q1 식물의 미세먼지 저감 연구는 어떻게 계획되어 있습니까?

○ 식물별 저감 효율을 측정하고 시스템을 개발하여 효율을 높이는 연구, 그리고 사무실, 가정, 학교 등 생활공간에 적용하는 연구를 수행하고 있습니다.

○ 식물별 저감은 실내식물, 조경수, 정원수 등을 연구하고 있습니다. 그동안 주로 실내식물을 연구하였으나 작년부터 실외식물인 조경수, 정원수 연구를 수행하고 있습니다.

○ 생활공간에 적용하는 연구는 가정, 학교, 사무실에 공간대비 2%를 투입하여 그린 인프라를 갖춘 공간으로 그린 홈 · 스쿨 · 오피스를 구축하는 연구를 수행하고 있습니다.

Q2 그린 오피스, 그린 스쿨은 무엇입니까?

○ 그린 오피스는 공간부피 대비 2%의 공기정화식물을 도입하여 그린 인프라를 갖춘 친환경 사무 공간을 의미합니다.

○ 그린 스쿨은 학교 교실에 화분, 식물–공기청정기 바이오월을 도입하고 공기정화식물과 공기오염 교육 등과 연계하는 프로그램을 개발하여 운영하는 것입니다.

Q3 실험에서 '4시간'으로 기준 시간을 설정한 이유는 무엇인가요?

○ 식물은 광합성 등 생리활동에 의해서 미세먼지를 저감하므로 일정한 시간이 요구됩니다.

○ 식물의 미세먼지 저감 효율은 다른 외적인 변수를 줄이기 위해 밀폐된 환경에서 이루어졌습니다. 밀폐된 환경에서 식물이 미세먼지를 저감하면 줄어드는 만큼 식물이 저감할 양이 없어지기 때문에 일정 시간 이상은 실험이 어려워집니다.

○ 실험용 밀폐 챔버는 $1m^3$에서 투입된 미세먼지를 저감하고, 식물이 광합성 특성을 충분히 발휘할 수 있는 시간을 4시간으로 설정하였습니다.

Q4 미세먼지 저감에 효과적인 식물 Top5를 선정한 기준은 무엇인가요?

○ 미세먼지 저감 효율이 우수하고 시중에서 구하기 쉽고 도시민이 기르기 쉬운 식물을 선발하였습니다.

○ 가정이나 사무실, 학교 교실, 지하 생활공간 등 실내에서 기를 수 있는 식물을 선정하였으며, 차후에는 실외에서 기르는 조경수 등도 선정할 계획입니다.

Q5 식물의 미세먼지 저감 원리는 무엇입니까?

○ 식물에 의한 미세먼지 저감 원리는 잎 표면에 달라붙는 흡착과 기공을 통해 들어가는 흡수가 있습니다.

○ 식물에 의한 흡수는 기공으로 이루어집니다. 기공의 크기는 식물 종류에 따라 다르지만 큰 경우 20μm 정도이기 때문에 2.5μm 이하의 초미세먼지는 기공으로 흡수돼 없어집니다.

Q6 식물-공기청정기 '바이오월'은 무엇입니까?

○ 바이오월은 식물의 공기정화 효율을 높이기 위해 개발된 시스템입니다. 공기를 잎과 뿌리로 순환하도록 하여 식물 주변 공기뿐만 아니라 더 넓은 공간을 정화하도록 하였으며, 뿌리의 미생물과 토양이 필터 역할을 하도록 하여 정화 효율을 올리도록 하는 제품입니다.

○ 벽면녹화용으로 사무공간 등 넓은 공간에 둘 수 있는 고정형과 개인 책상 옆에 둘 수 있는 소형으로, 움직일 수 있는 이동형이 있습니다. 현재 시중에 다양한 제품이 상품화되어 판매되고 있습니다.

Q7 식물이 생활공간에서 실질적인 효과가 있습니까?

○ 농촌진흥청은 평택대학교와 공동연구로 지난 1년 동안 실제 가정 3곳에 실내식물을 갖다 두고 모니터링을 했습니다.

○ 거실과 주방에 실내식물을 공간대비 2%를 넣고 분석한 결과, 식물이 없을 때에 비해 식물이 있을 때 미세먼지가 17.8% 줄어든 것으로 나타났습니다.

○ 학교 교실에 식물을 공간대비 2%를 넣고 미세먼지 저감을 측정한 결과, 13~25% 정도 저감하는 것으로 나타났습니다.

○ 그러나 생활공간은 다양한 변수가 있어서 올해 추가 연구를 통해 더 데이터를 수집하여 신뢰도를 높여 차후에 발표하도록 하겠습니다.

○ 현재는 실내식물을 공간대비 2%를 넣었을 때 약 20% 정도 현장에서 저감하는 것으로 나타났으며 앞으로 다양한 방법을 이용하여 30%까지 올릴 수 있도록 연구를 수행할 계획입니다.

Q8 앞으로의 연구 계획은?

○ 실내식물뿐만 아니라 조경수, 정원수 등 실외식물의 저감 효율을 측정할 계획이며, 더 많은 식물을 측정하여 효율이 높은 식물을 탐색하고 우수한 식물을 선정하여 국민들에게 정보를 제공할 계획입니다.

○ 식물을 이용한 다양한 시스템(식물-공기청정기)을 개발하여 미세먼지 저감 효율을 향상시키도록 노력할 것입니다.

○ 사무실, 학교, 가정에 식물을 넣는 방법 및 유지관리 기술 등을 개발하고 현장에 적극 활용되도록 그린 스쿨, 그린 홈, 그린 오피스 등을 보급할 계획입니다.

*** 자료 제공 : 농촌진흥청 국립원예특작과학원**

| 용어풀이 |

개별 호흡 공간(personal breathing zone) 개인을 둘러싸고 있는 약 0.17~0.23m^{3}의 공간.

관엽식물 주로 잎을 감상하기 위해 실내에서 기르는 식물. 어떤 관엽식물은 꽃을 피우기도 하지만, 대개 그 꽃은 중요하게 여겨지지 않는다.

광합성 식물이 빛과 엽록소의 존재하에 이산화탄소와 물을 재료로 하여 탄수화물(당분)을 생산하는 활동.

근권(根圈, rhizosphere) 식물의 뿌리에서 분비하는 물질의 영향을 받는 뿌리 주변부.

기공 식물의 잎에 있는 미세 구멍. 수증기, 산소, 다른 기체가 잎 안으로 들어오고 나가게 한다.

물관부 물과 용해된 무기질을 뿌리로부터 위쪽 줄기와 잎으로 이동시키는 식물의 조직계.

발포연석 엄선된 점토를 816~1093℃의 온도로 가열하여 얻는 아주 가벼운 다공성의 용토. 많은 구멍이 있는 특성 때문에 수경재배에 활용하면 공기와 물이 최대한 교환된다.

분갈이 성장에 활기를 불어넣기 위해 식물을 새 화분에 옮기거나 또는 흙을 새 흙으로 갈아주는 일.

불염포(佛焰苞) 육수꽃차례를 둘러싸는 포가 변형된 큰 꽃턱잎으로 꽃처럼 보인다.

상대습도 공기가 보유하고 있는 수증기의 양. 일정한 온도에 있어서 공기가 잠재적으로 보유할 수 있는 최대한의 수분에 대한 백분율로 나타내진다.

생물권(生物圈, biosphere) 생명체가 자연적으로 분포하는 지구를 둘러싸고 있는 영역. 깊은 지각에서부터 낮은 대기권에까지 이른다.

생체 배기(bioeffluents) 인간이 호흡하는 동안 방출되는 화학물질.

수경법(水耕法) 흙이 아닌 다른 용토에서 식물을 기르는 기술. 이 기술을 사용할 때 물과 양분은 뿌리 사이를 흐른다. 주로 상업적인 식료품 재배에 사용된다.

수경재배(水耕栽培) 실내식물을 방수화분(물구멍이 없는 화분)에서 하층토로 흙이 아닌 다른 물질(발포연석 따위)을 사용하고, 양분이 용해되어 있는 용액을 공급하여 기르는 수경(물재배) 기술.

습도 공기 중에 함유되어 있는 수분의 양.

식물성 화학물(phytochemical) 식물이 만든 화학물.

알레르겐(allergen) 알레르기를 유발하는 물질.

알레르기(allergy) 특정한 항원에 대한 항체의 유해한 반응.

재배종 재배를 통하여 품질이 개량되어 왔으며 전형적인 야생종과 다른 식물을 지칭하는 용어.

전류(translocation) 조직계를 통하여 양분 물질과 다른 유기물이 식물의 한 부분에서 다른 부분으로 이동하는 현상.

증산(transpiration) 식물의 잎에서 물이 증발하는 자연스러운 과정. 증산작용은 식물의 잎 주변을 냉각시키고, 공기의 흐름을 만든다.

지하관수(地下灌水) 흙이 채워진 방수화분(물구멍이 없는 화분)에서 식물을 재배하는 기술. 물은 흙의 표면 아래로 공급된다. '저면관수'라고도 한다.

착생식물(着生植物) 다른 식물 위에서 자라지만 기생식물은 아닌 식물. 광합성작용을 통하여 스스로 양분을 생산한다.

체관부 양분(당분)을 잎에서 줄기를 지나 뿌리까지 아래쪽으로 이동시키는 식물의 조직계.

테르펜(terpen) 나무의 진에서 발견되는 불포화 탄화수소 복합체.

포엽(苞葉) 포(苞). 변형된 잎으로 잎이나 꽃의 모양을 하고 있다. 포인세티아의 경우처럼 종종 포엽은 아주 화려하며, 덜 눈에 띄는 꽃을 지탱하고 있다.

플랜터(planter) 식물을 심는 대형 용기.

항원 특정한 알레르기 반응이나 면역 반응을 일으키는 물질.

항체 항원에 반응하는 물질로 형성된 특정한 분자이다. 일단 한번 형성되면 다음에 같은 특정 항원에 노출되었을 때 알레르기 반응을 일으킨다.

호흡(respiration) 살아있는 유기체 내에서의 비축되어 있는 에너지를 방출하여 성장과 다른 용도에 사용하기 위해서 양분(당분)을 산화시키는 작용.

환기(ventilation) 탁해진 실내공기를 외부의 신선한 공기로 희석시키는 것.

휴면기 식물이 생육을 멈추는 휴식기. 대개 겨울.

흡수(absorption) 화학물이나 다른 물질이 식물의 조직으로 통과하는 현상.

찾아보기(한글)

ㄱ

ㄴ

ㄷ

ㄹ

ㅂ

찾아보기(식물 영명 · 학명)

T

U

W

Z

음식 & 약초 & 지압 & 질병 치료

약, 먹으면 안 된다
후나세 슌스케 지음 | 강봉수 옮김

정지천 교수의 **약이 되는 음식 상식사전**
정지천 지음

내 몸을 살리는 **약재 동의보감**
정지천 지음

음식 궁금증 무엇이든 물어보세요
정지천 지음
eBook 구매 가능

질병 궁금증 무엇이든 물어보세요
정지천 지음

병에 걸리지 않는 **생활습관병 건강백서**
남재현 지음
eBook 구매 가능

누구나 쉽게 할 수 있는 **약초 약재 300 동의보감**
엄용태 글 · 사진 | 정구영 감수 | 올컬러

당신의 몸을 살리는 **야채의 힘**
하시모토 키요코 지음 | 백성진 편역 · 요리 · 감수 | 올컬러

혈액을 깨끗이 해주는 **식품 도감**
구라사와 다다히로 외 지음 | 이준 · 타키자와 야요이 옮김

만병을 낫게 하는 **산야초 효소 민간요법**
정구영 글 · 사진 | 올컬러

한국의 산야초 민간요법
정구영 글 · 사진 | 올컬러

약초에서 건강을 만나다
정구영 글 · 사진 | 유승원 박사 추천 | 올컬러

질병을 치료하는 **지압 동의보감 1, 2**
20년 스테디셀러
세리자와 가츠스케 지음 | 김창환 · 김용석 편역

그림을 보면서 누구나 쉽고 간단하게 따라할 수 있는 지압 건강서로 1권 〈질병 · 증상편〉, 2권 〈신체부위편〉으로 구성되었다.

중 앙 생 활 사 Joongang Life Publishing Co.
중앙경제평론사 | 중앙에듀북스 Joongang Economy Publishing Co./Joongang Edubooks Publishing Co.

중앙생활사는 건강한 생활, 행복한 삶을 일군다는 신념 아래 설립된 건강 · 실용서 전문 출판사로서 치열한 생존경쟁에 심신이 지친 현대인에게 건강과 생활의 지혜를 주는 책을 발간하고 있습니다.

미세먼지 잡는 공기정화식물 55가지

초판 1쇄 인쇄 | 2019년 5월 22일
초판 1쇄 발행 | 2019년 5월 27일

지은이 | 월버튼(B.C Wolverton)
옮긴이 | 김광진(KwangJin Kim)
펴낸이 | 최점옥(JeomOg Choi)
펴낸곳 | 중앙생활사(Joongang Life Publishing Co.)

대 표 | 김용주
책임편집 | 한옥수 · 유라미
본문디자인 | 박근영

출력 | 케이피알 종이 | 한솔PNS 인쇄 | 케이피알 제본 | 은정제책사

잘못된 책은 구입한 서점에서 교환해드립니다.
가격은 표지 뒷면에 있습니다.

ISBN 978-89-6141-236-0(03590)

원서명 | Eco-Friendly House Plants

등록 | 1999년 1월 16일 제2-2730호
주소 | ㊀ 04590 서울시 중구 다산로20길 5(신당4동 340-128) 중앙빌딩
전화 | (02)2253-4463(代) 팩스 | (02)2253-7988
홈페이지 | www.japub.co.kr 블로그 | http://blog.naver.com/japub
페이스북 | https://www.facebook.com/japub.co.kr 이메일 | japub@naver.com
♣ 중앙생활사는 중앙경제평론사 · 중앙에듀북스와 자매회사입니다.

※ 이 책은 《사람을 살리는 실내공기정화식물 50》을 독자들의 요구에 맞춰 새롭게 출간하였습니다.

※ 이 도서의 국립중앙도서관 출판시도서목록(CIP)은 서지정보유통지원시스템 홈페이지(http://seoji.nl.go.kr)와 국가자료공동목록시스템(http://www.nl.go.kr/kolisnet)에서 이용하실 수 있습니다.(CIP제어번호:CIP2019017209)